面向21世纪高等院校规划教材

现代机械制图习题集

主　编　陈　明　胡远忠
副主编　李　军　杨　芳

上海科学技术出版社

内 容 提 要

本习题集与胡远忠主编的《现代机械制图》教材配套使用，习题的编写顺序与教材相同。主要内容包括制图的基本知识练习、画法几何的基本知识和立体的投影、组合体的视图与尺寸标注、轴测图、标准件和常用件、机件常用的表达方法练习、零件图、装配图、展开图及焊接图、三维建模训练等。习题覆盖面广，题量适中，由浅入深，循序渐进，方便学生和教师按实际需要选取。

本习题集可供工科类高等院校机械类、近机类及相关专业的师生使用或参考。

图书在版编目（CIP）数据

现代机械制图习题集 / 陈明，胡远忠主编. -- 上海：
上海科学技术出版社，2024. 11. -- （面向21世纪高等院
校规划教材）. -- ISBN 978-7-5478-6851-5
Ⅰ. TH126-44
中国国家版本馆CIP数据核字第2024193BH3号

现代机械制图习题集
主　编　陈　明　胡远忠

上海世纪出版（集团）有限公司 出版、发行
上海科学技术出版社
（上海市闵行区号景路159弄A座9F-10F）
邮政编码201101　www.sstp.cn
上海普顺印刷包装有限公司印刷
开本 787×1092　1/16　印张 14.5
字数　200千字
2024年11月第1版　2024年11月第1次印刷
ISBN 978-7-5478-6851-5/TH·110
定价：38.00元

本书如有缺页、错装或坏损等严重质量问题，请向印刷厂联系调换

前　言

　　本习题集依据教育部高等学校工程图学教学指导分委员会制定的《普通高等院校工程图学课程基本要求》及最新颁布的《技术制图》《机械制图》相关的国家标准，针对工科类院校机械类、近机类及相关专业的需求，以培养学生徒手绘图、尺规绘图和计算机绘图三种能力为重点，着重培养学生的绘图和读图能力。习题集力求覆盖面广，难易并存，适当降低画法几何、截交线、相贯线等相关内容的难度，加强基本体、组合体的识图和构型训练，强化视图的表达规范性练习，提高阅读和绘制零件图及装配图综合能力的培养，突出了应用与知识点的有机结合。

　　本书是与胡远忠主编的《现代机械制图》教材配套使用的习题集，在选题和顺序编排上与教材保持一致。

　　习题集由广东海洋大学陈明、胡远忠担任主编，李波担任主审，李军、杨芳担任副主编。具体编写分工如下：陈明编写第1、2、6、8、10章，胡远忠编写第3、5、9、12章，李军编写第4、7章，杨芳编写第11章。

　　在编写本习题集的过程中参考了一些同行的著作，以及得到了广东海洋大学教务部的大力支持，在此一并表示衷心的感谢。

　　由于编者水平有限，书中难免有错漏之处，恳请广大读者批评指正。

编　者

目 录

第 1 章 制图的基本知识和技能……………………………………………………… 1

第 2 章 投影基础……………………………………………………………………… 7

第 3 章 立体的投影…………………………………………………………………… 13

第 4 章 轴测图………………………………………………………………………… 23

第 5 章 组合体………………………………………………………………………… 26

第 6 章 机件的常用表达法…………………………………………………………… 43

第 7 章 标准件和常用件……………………………………………………………… 64

第 8 章 零件图………………………………………………………………………… 76

第 9 章 装配图………………………………………………………………………… 89

第 10 章 焊接图……………………………………………………………………… 103

第 11 章 展开图……………………………………………………………………… 105

第 12 章 SolidWorks三维建模基础………………………………………………… 110

参考文献………………………………………………………………………………… 114

第1章 制图的基本知识和技能

1-1 字体练习。

工 程 制 图 校 对 审 核 比 例 姓 名 材 料 班 级 技 术 要 求 序 号 其 余

海 洋 铸 铁 螺 母 配 合 栓 钉 垫 圈 零 部 件 钻 孔 深 设 计 泵 体 阀 壳

ABCDEFGHIJKLMNOPQRSTUVWXYZ

abcdefghijklmnopqrstuvwxyz

1234567890   Ⅰ Ⅱ Ⅲ Ⅳ Ⅴ Ⅵ Ⅶ Ⅷ Ⅸ Ⅹ

1-2 图线练习(在图形右边空白处抄画图线及图形)。

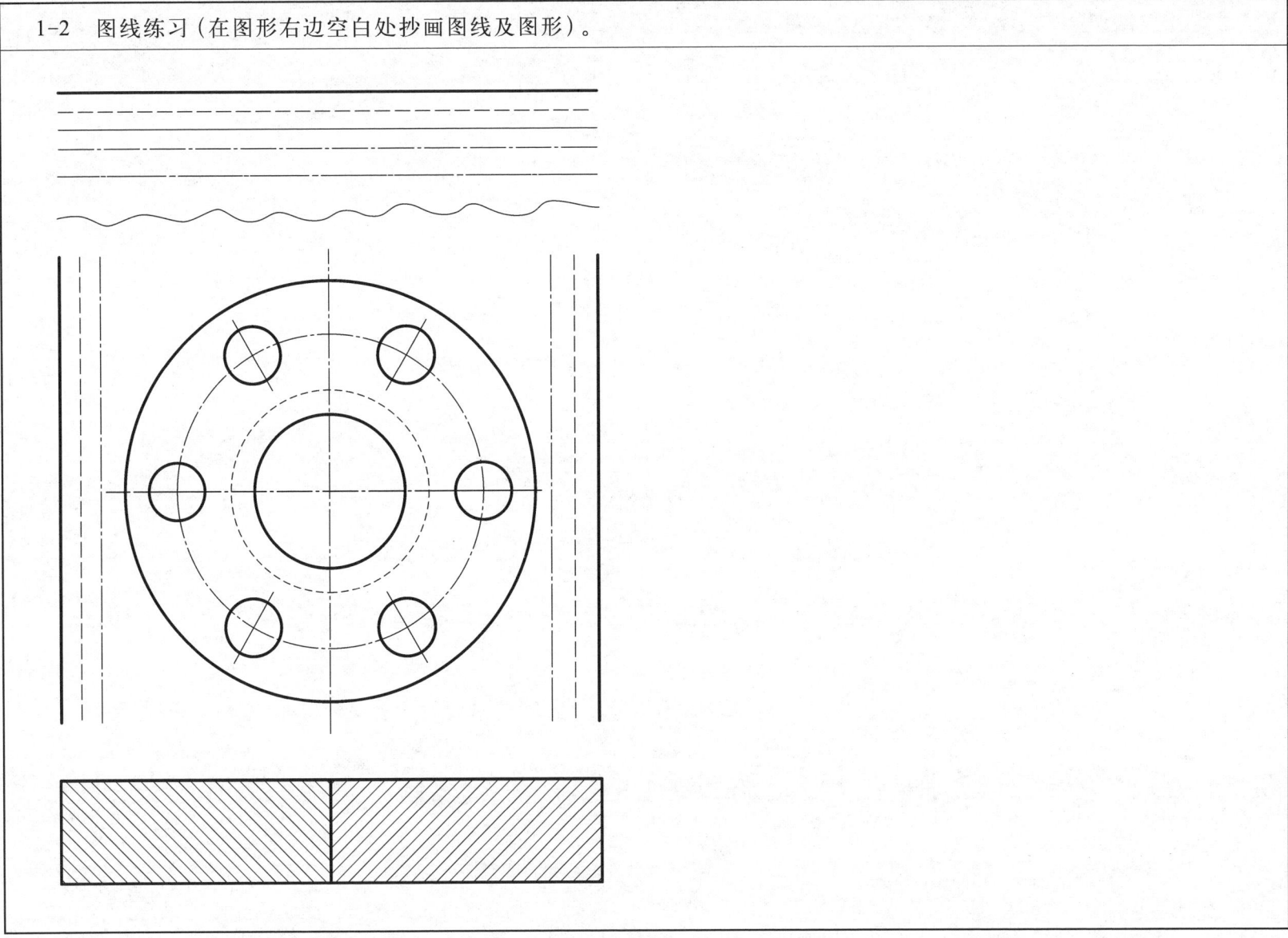

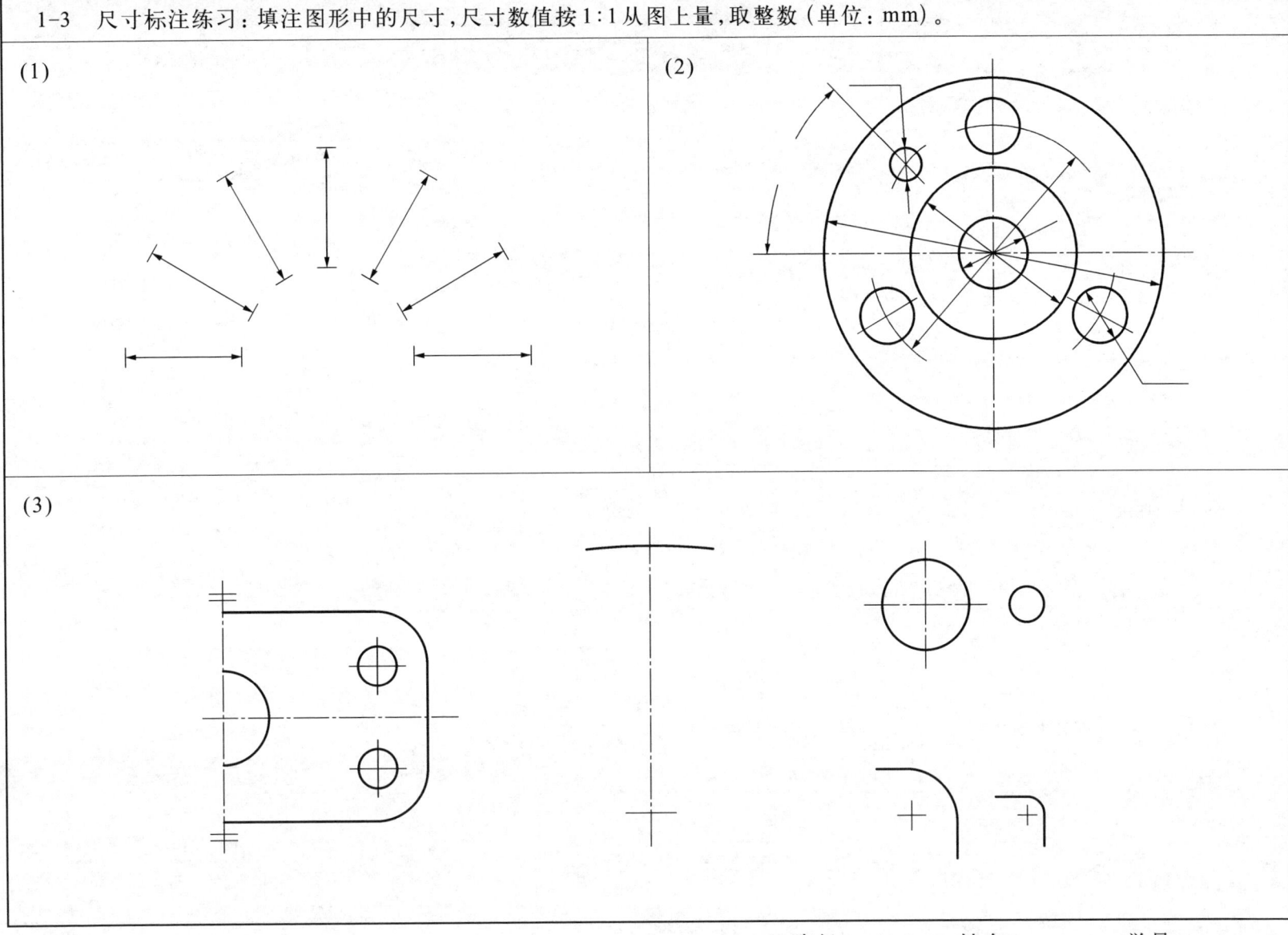

1-4 分析下列平面图形并标注尺寸(尺寸数值按1:1从图中量,取整数)。

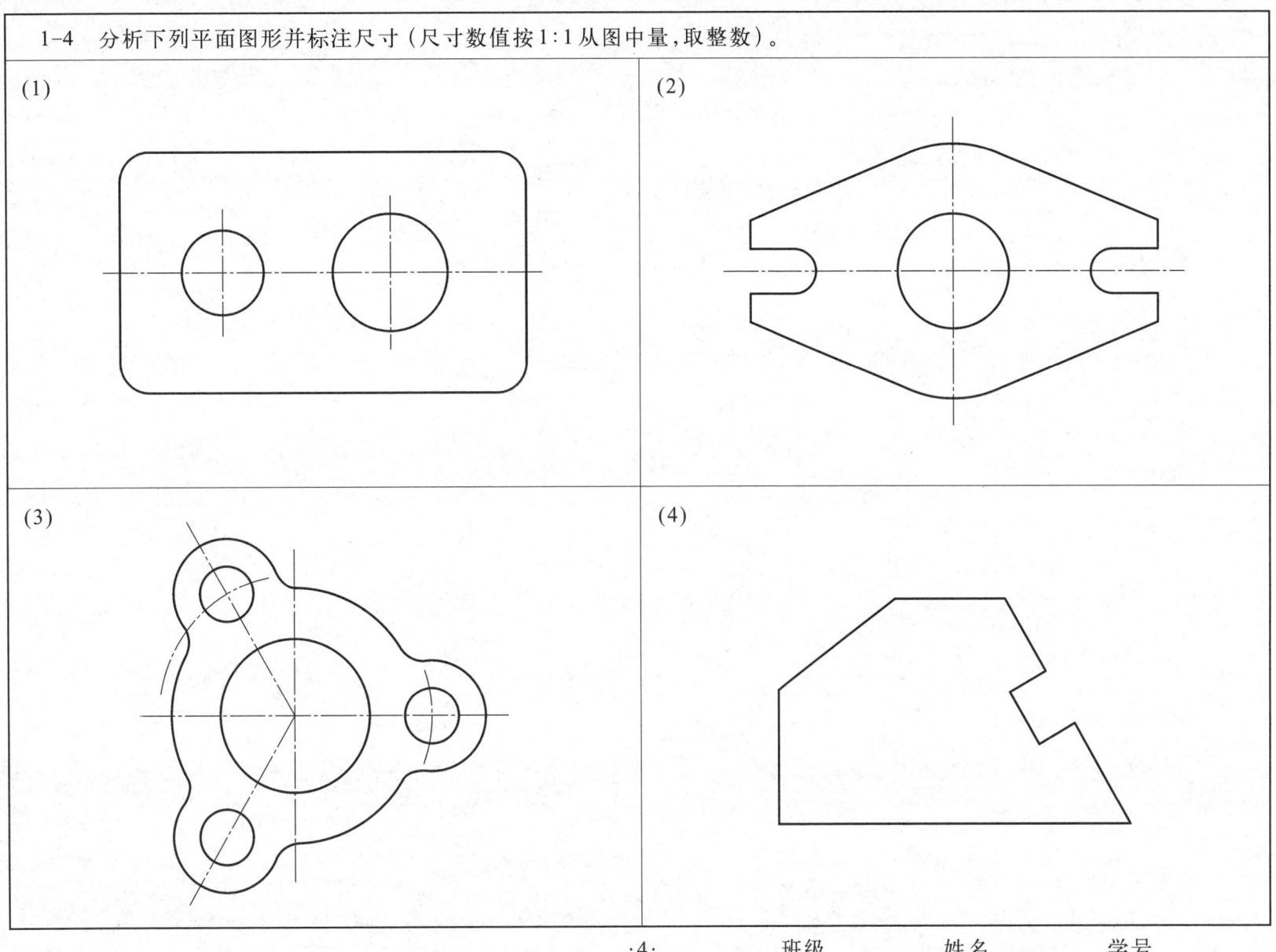

1-5　按1∶1的比例在下方抄画所给平面图形。

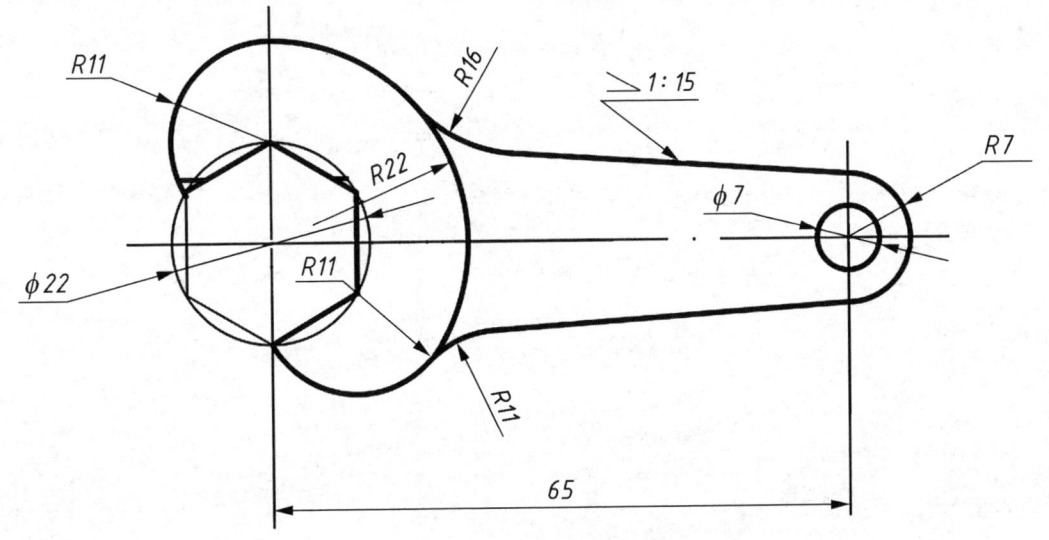

1-6 平面图形绘制及尺寸标注练习。

作业指导

一、作业内容

用A4幅面绘制平面图形,并标注尺寸。

二、作业目的

学习平面图形的尺寸分析及尺寸标注,掌握圆弧连接的作图方法,熟悉平面图形绘图步骤。

三、作业要求

1. 按照图形尺寸,按1∶1的比例将其抄画在A4图纸上,并标注尺寸。

2. 正确定出图形中各圆弧的圆心和连接点(切点),光滑地连接各圆弧。

3. 尺寸标注正确,图线符合要求,布图匀称,图面整洁。

四、作业提示

1. 绘图前,应先对平面图形进行尺寸分析和线段分析,绘图时应先画已知线段,再画中间线段,最后画连接线段。

2. 绘制底图时,应尽量做到图线要画得细而淡;作图要准,圆心和连接点的位置要找准,保持图面整洁。

3. 完成底稿后,擦去多余图线,检查无误后按标准和规则加深图线。

4. 标注尺寸,尺寸标注应正确、清晰;图框、字体格式书写符合要求。

5. 填写标题栏。

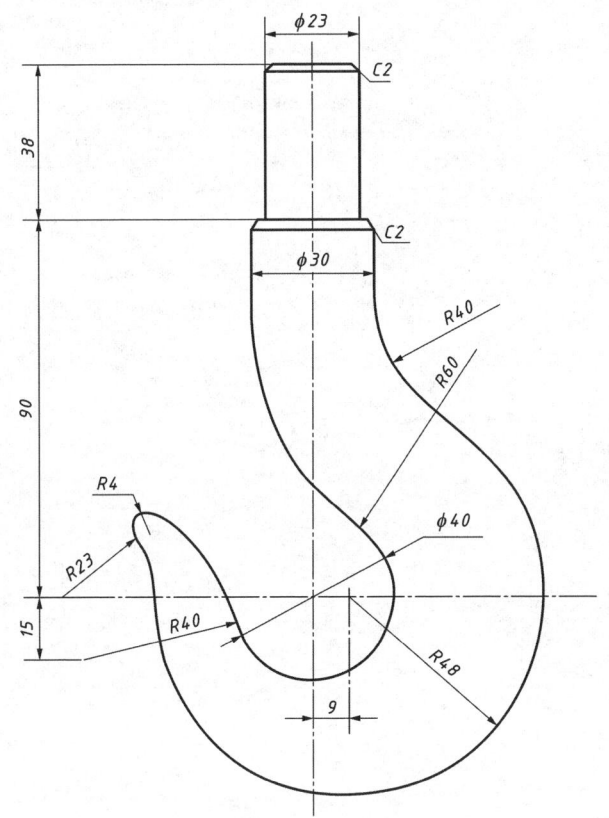

第2章 投影基础

2-1 根据点的投影图,画出它们在直观图中的位置。

2-2 已知点 B 在点 A 左方 35 mm,前方 10 mm,上方 10 mm 处;点 C 与点 B 同高,且点 C 的坐标 X=Y=Z;点 D 在点 C 的正下方 16 mm 处,试画出各点的三面投影图。

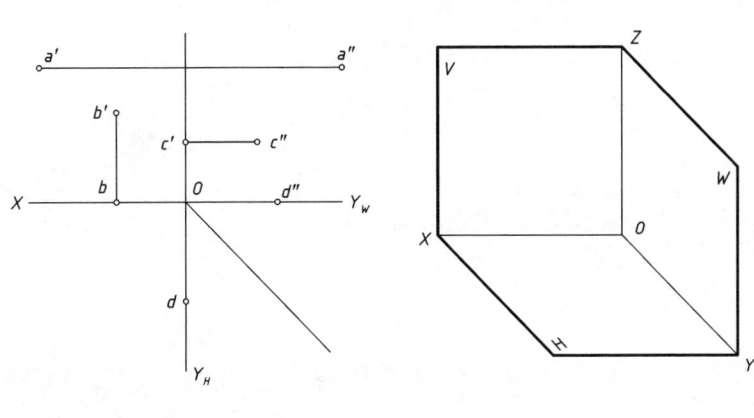

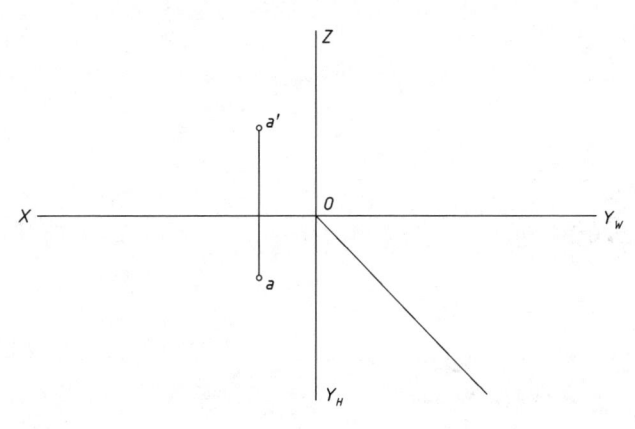

2-3 已知点 A,作正平线 AB 的三面投影,使 AB=20 mm,α=45°(点 B 在点 A 的右侧)。

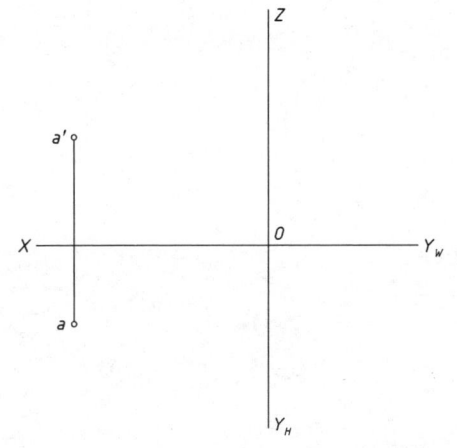

2-4 通过看图（不画第三投影），判别直线对投影面的相对位置。

(1)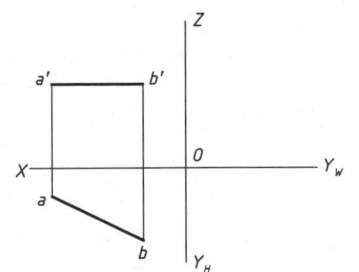

AB是_____线

(2)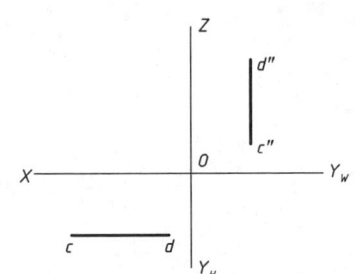

CD是_____线

(3)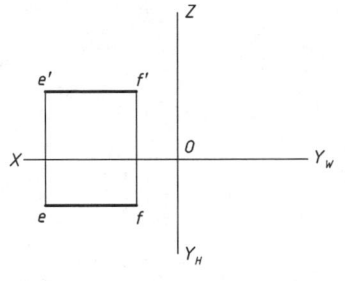

EF是_____线

(4)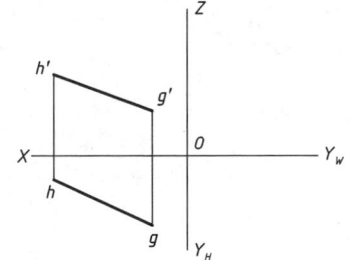

GH是_____线

2-5 根据立体图标出各直线的三面投影位置，并填写直线的类型名称。

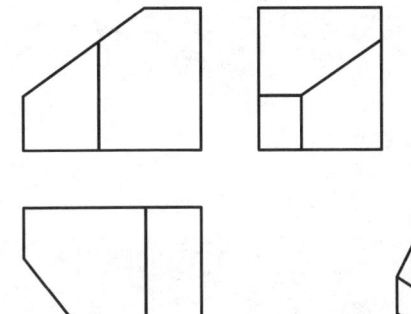

AB是_____线　　BC是_____线
BE是_____线　　DE是_____线

2-6 填写出立体上棱线的名称。

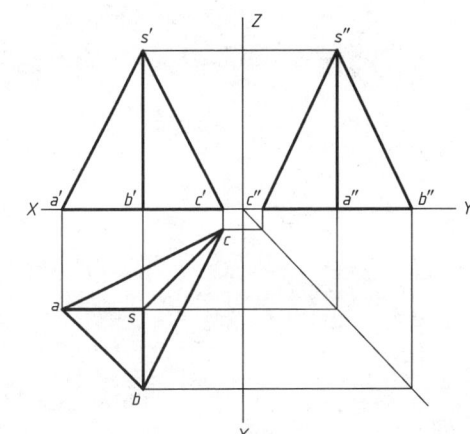

SA是_____线
SB是_____线
SC是_____线
AB是_____线

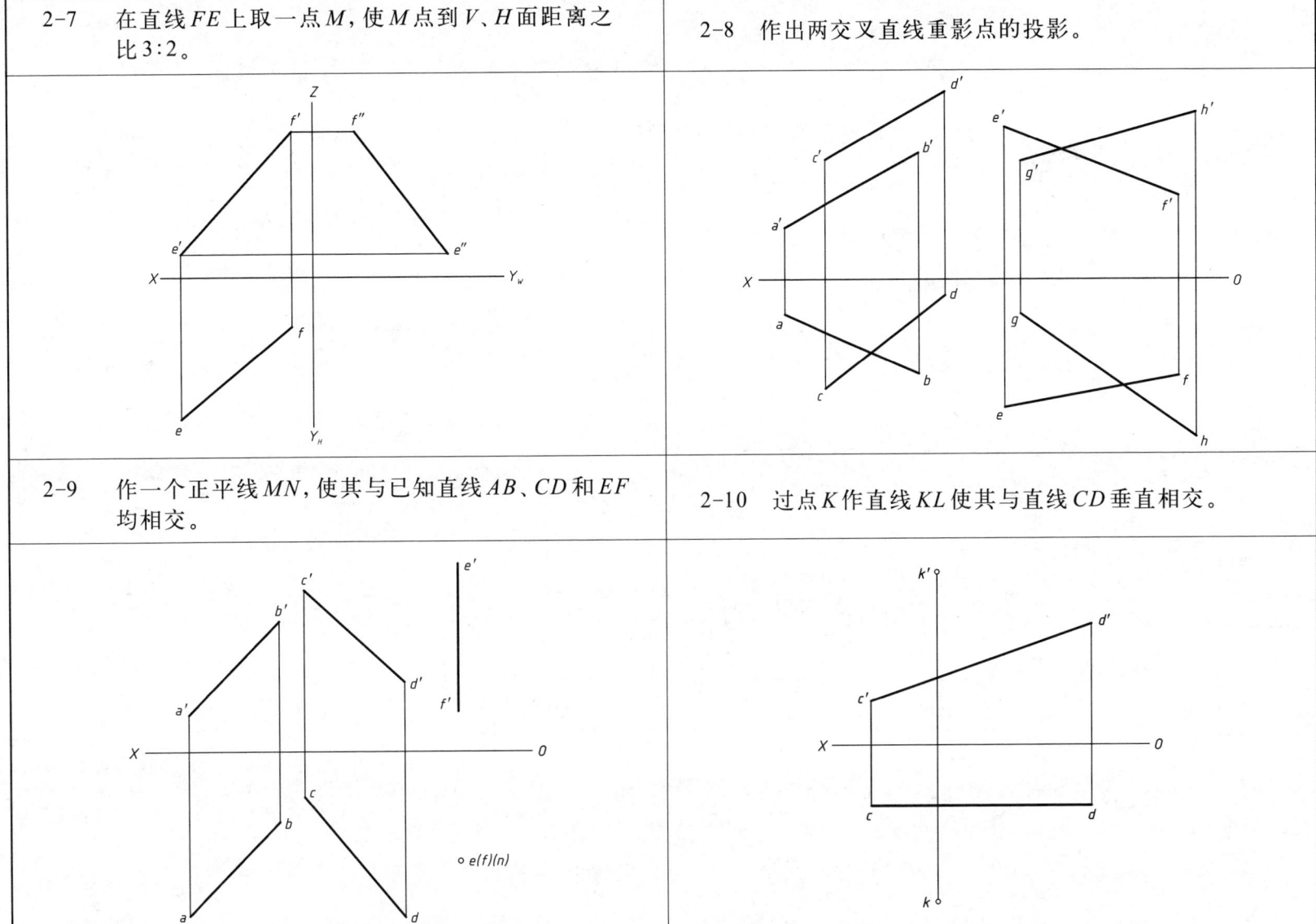

2-11 已知菱形ABCD的对角线BD的投影和另一对角线端点A点的水平投影，完成菱形的两面投影。

2-12 用直角三角形法求直线实长及其对V、H面夹角。

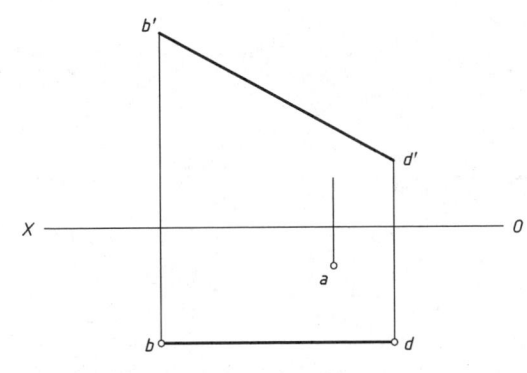

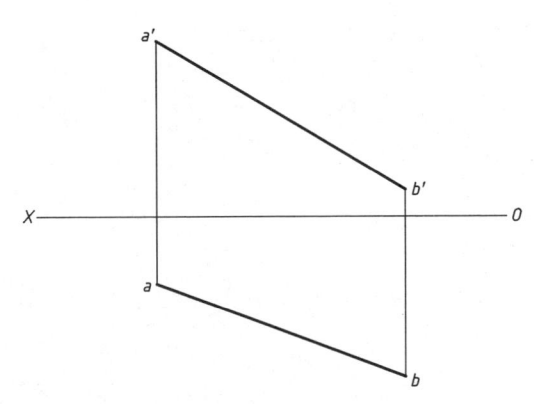

2-13 根据已知条件，完成线段AB的投影。

(1) AB的实长为25 mm。

(2) AB对V面的倾角为$\beta=30°$。

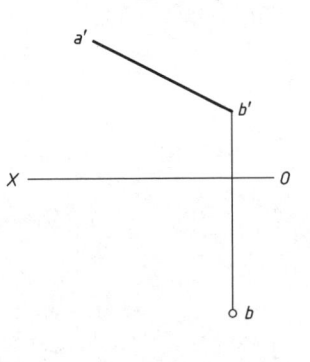

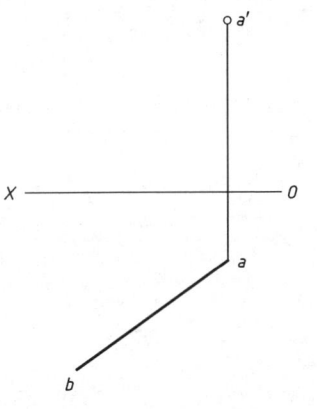

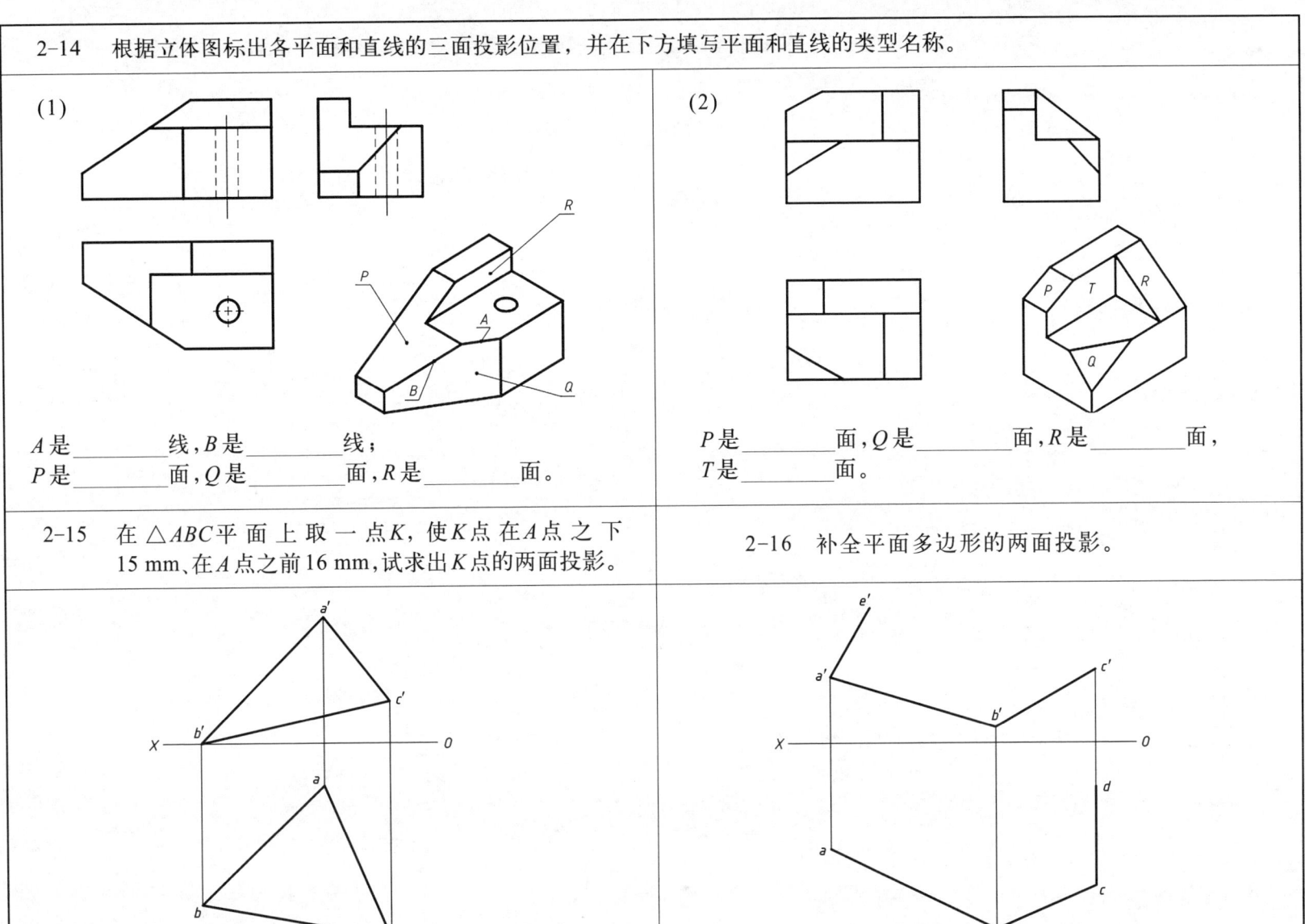

2-17 判别两平面是否平行。

(1)

(2)

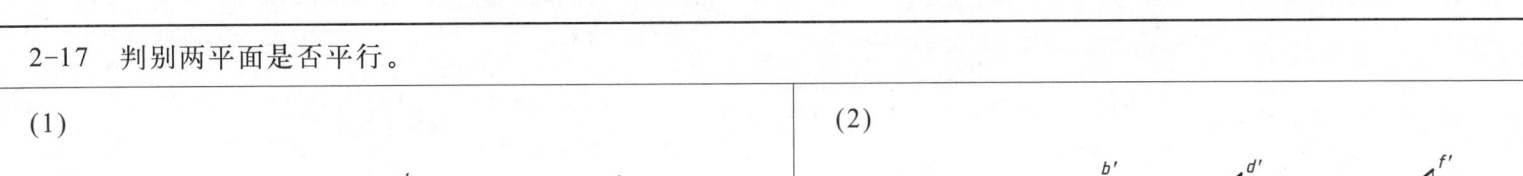

2-18 求作下列各题中直线 *EF* 与平面 *ABC* 的交点 *K*，并判别可见性。

2-19 求两平面相交的交线，并判别可见性。

(1)   (2)

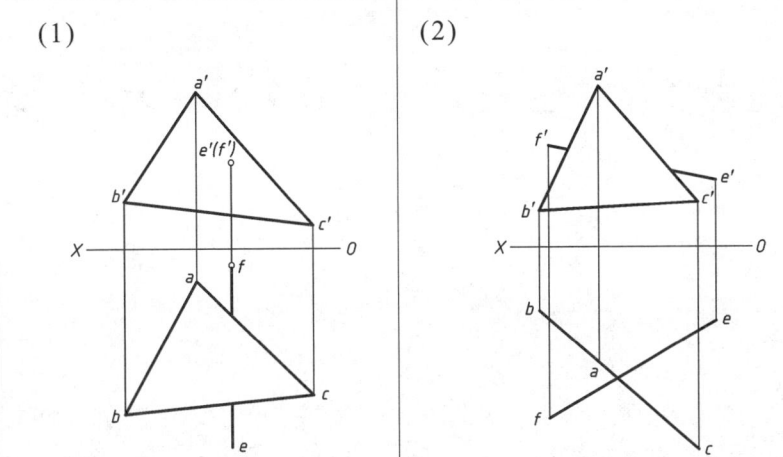

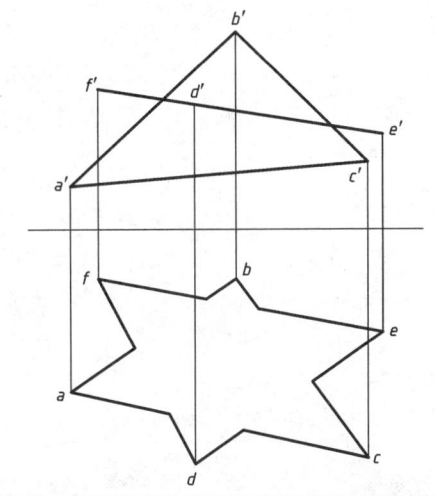

班级　　　姓名　　　学号

第3章　立体的投影

3-1　求五棱柱主视图及表面上点的其他投影。

3-2　求三棱锥左视图及表面上点的其他投影。

3-3　求棱台表面上点的其他投影。

3-4　求三棱柱左视图及表面上点的其他投影。

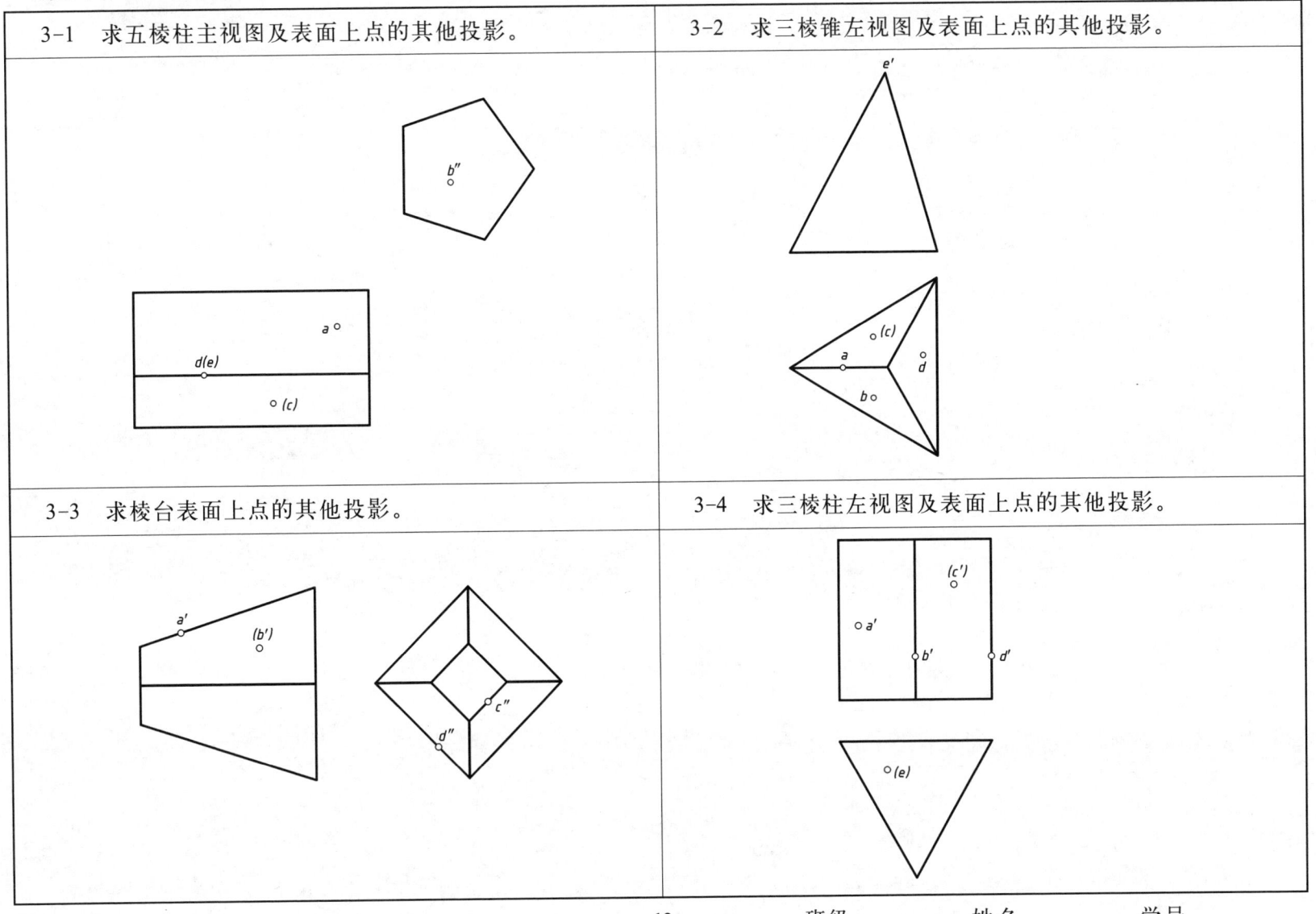

班级　　姓名　　学号

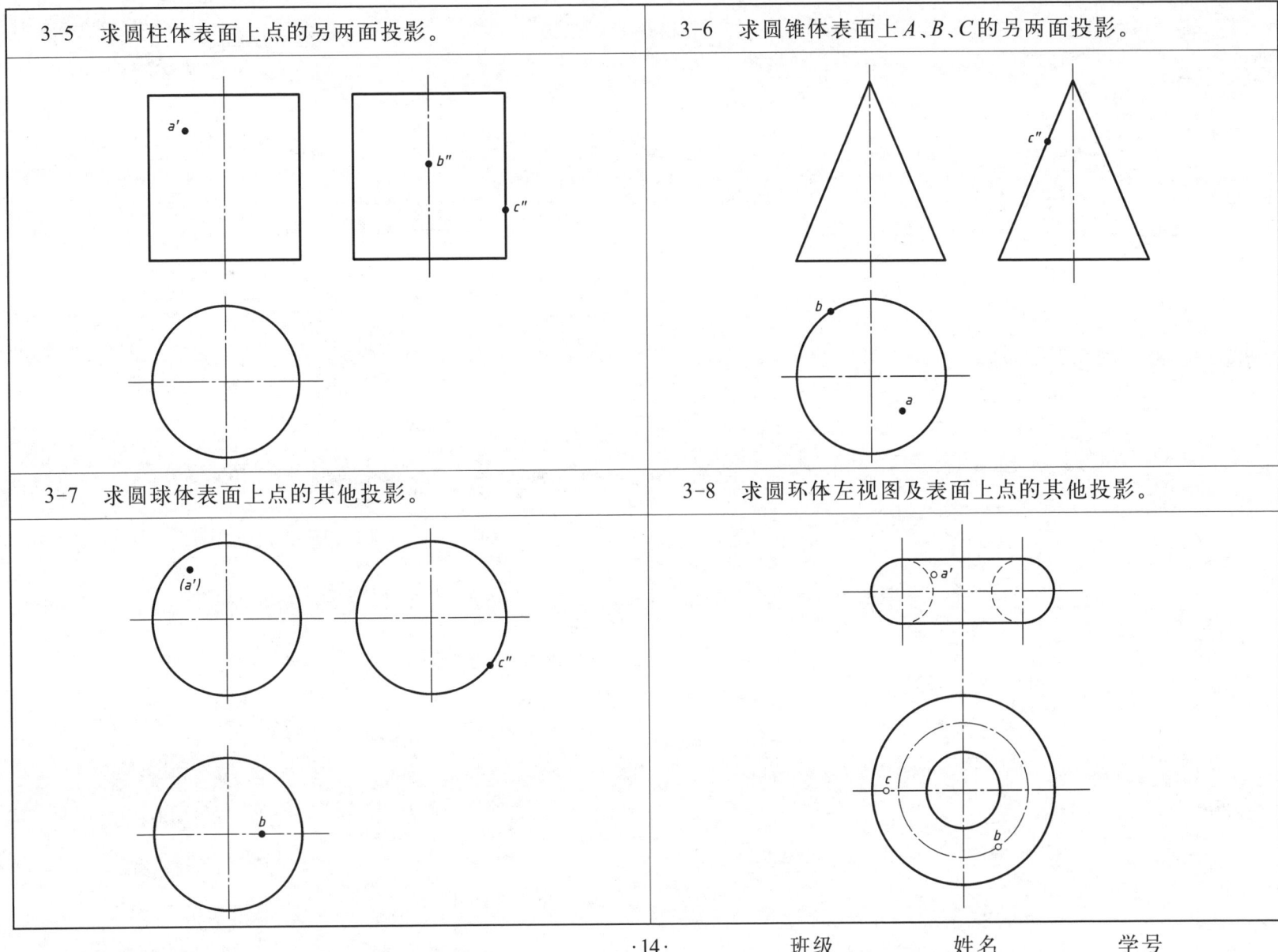

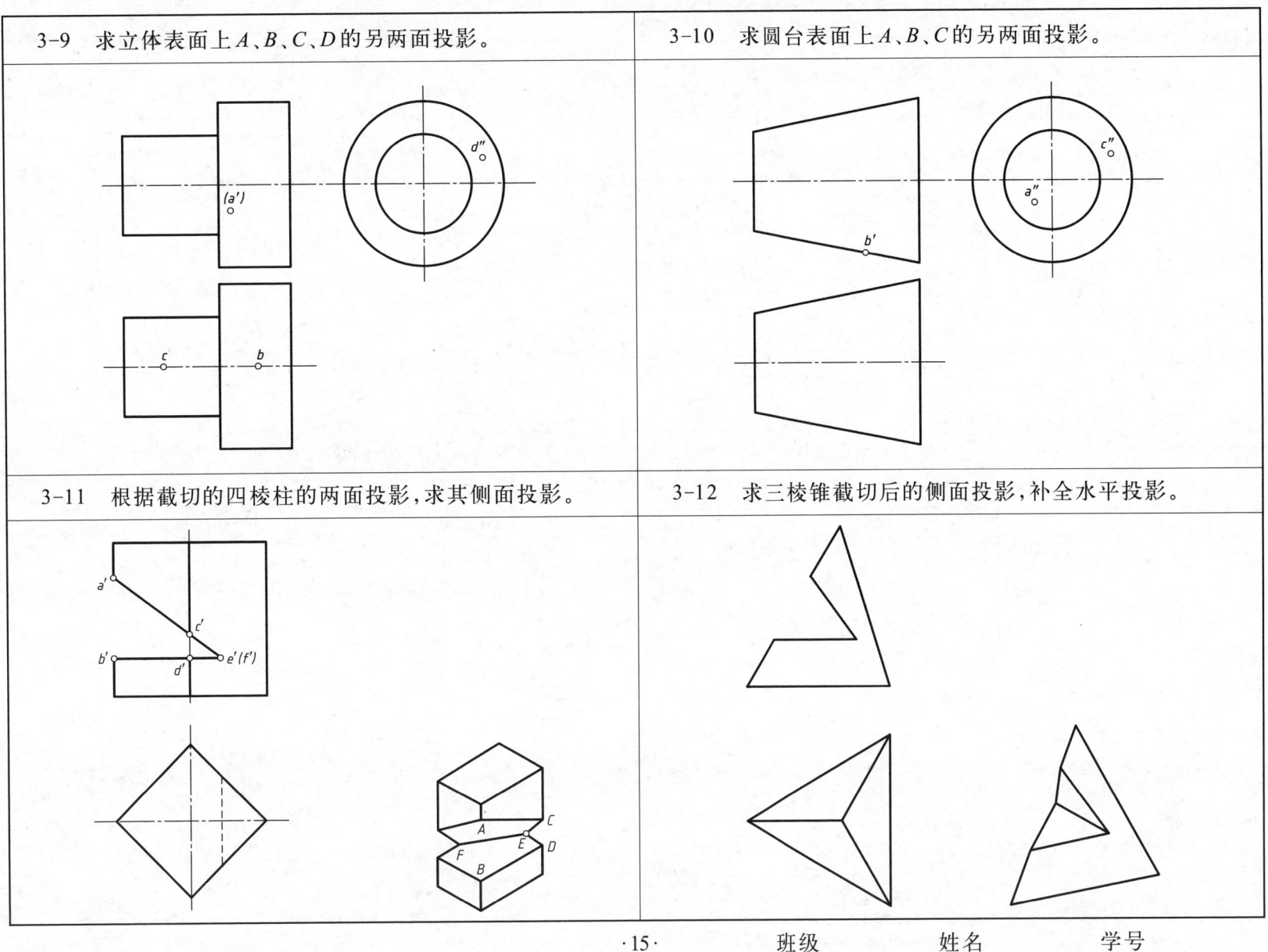

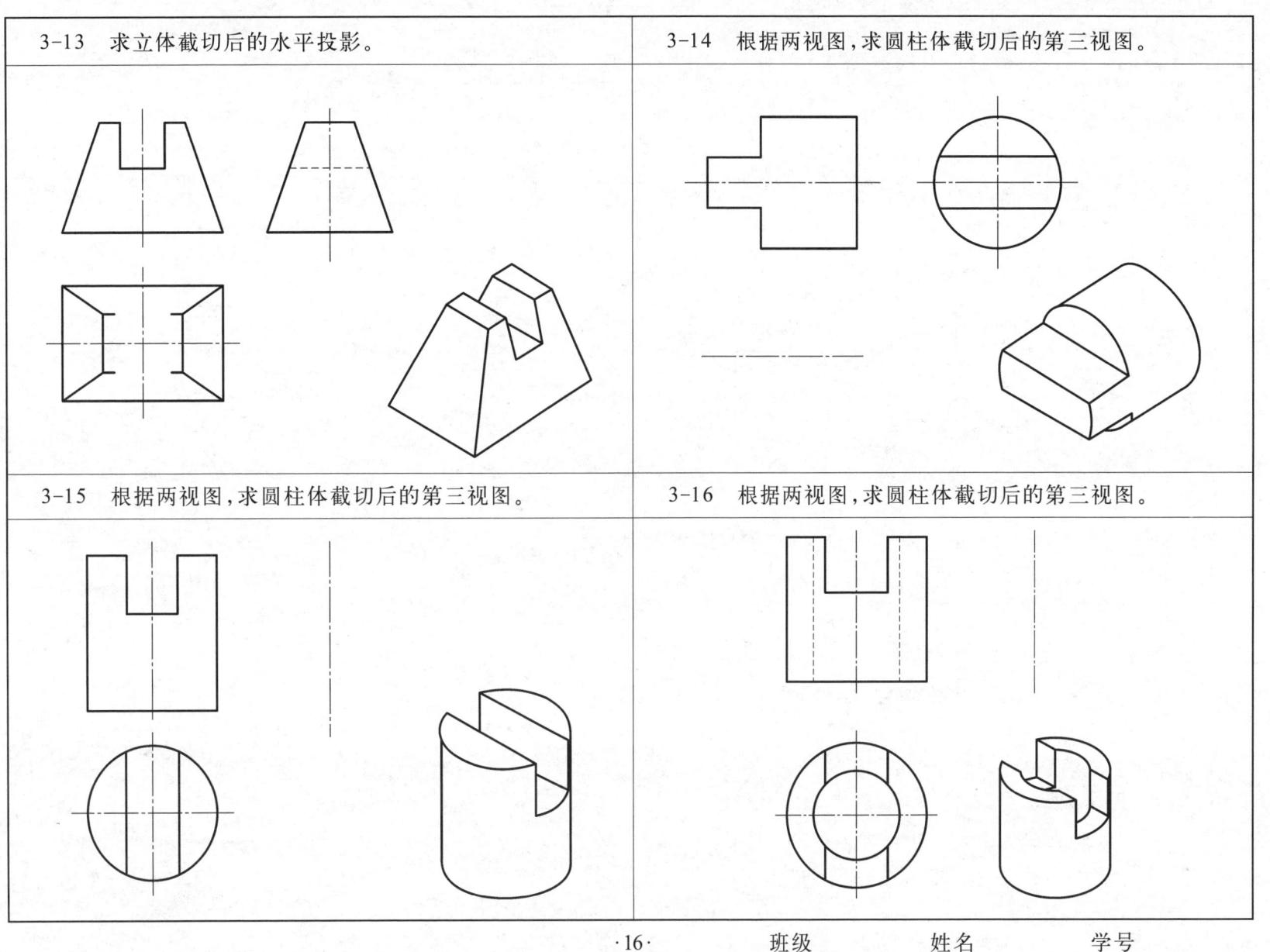

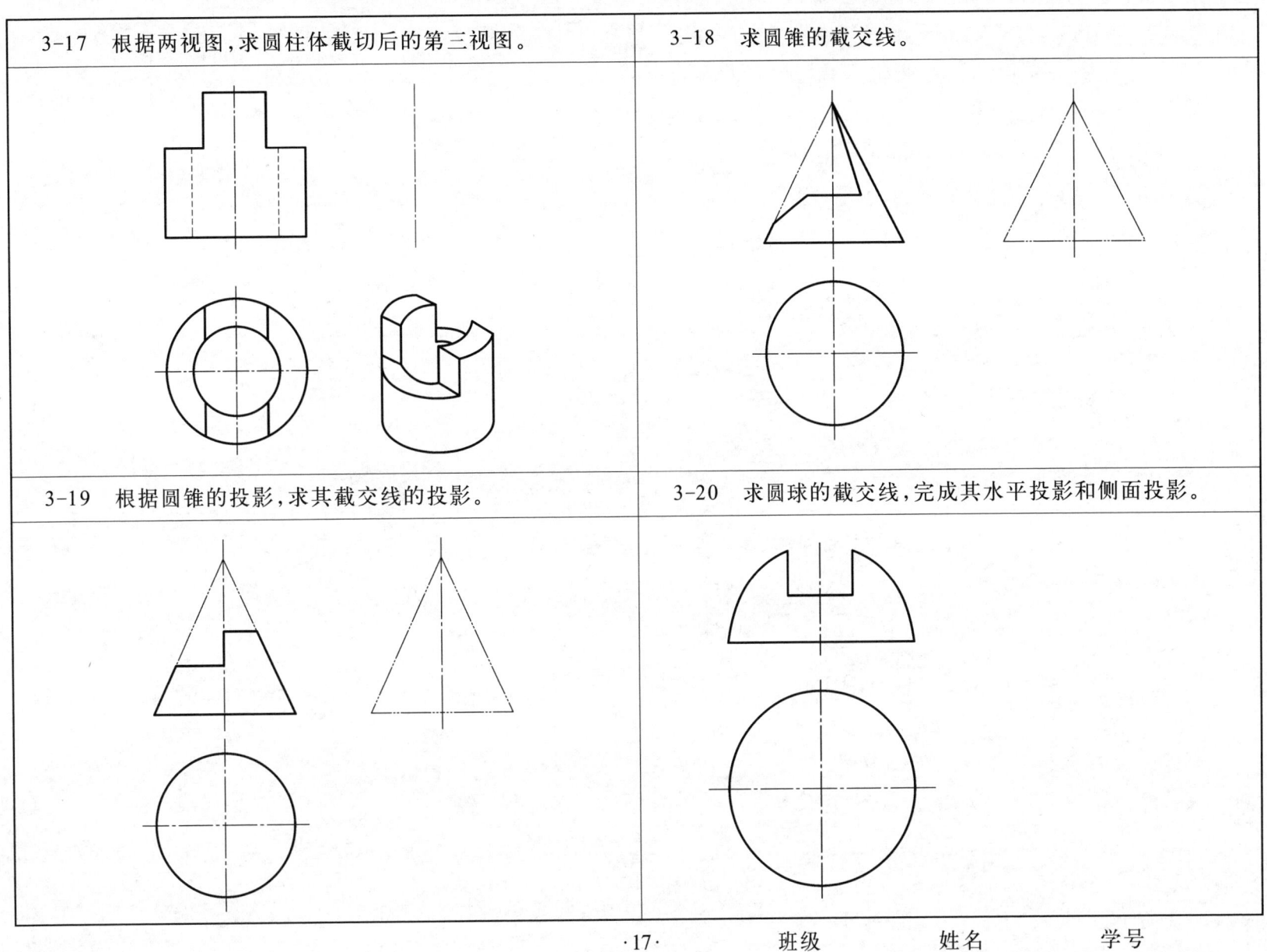

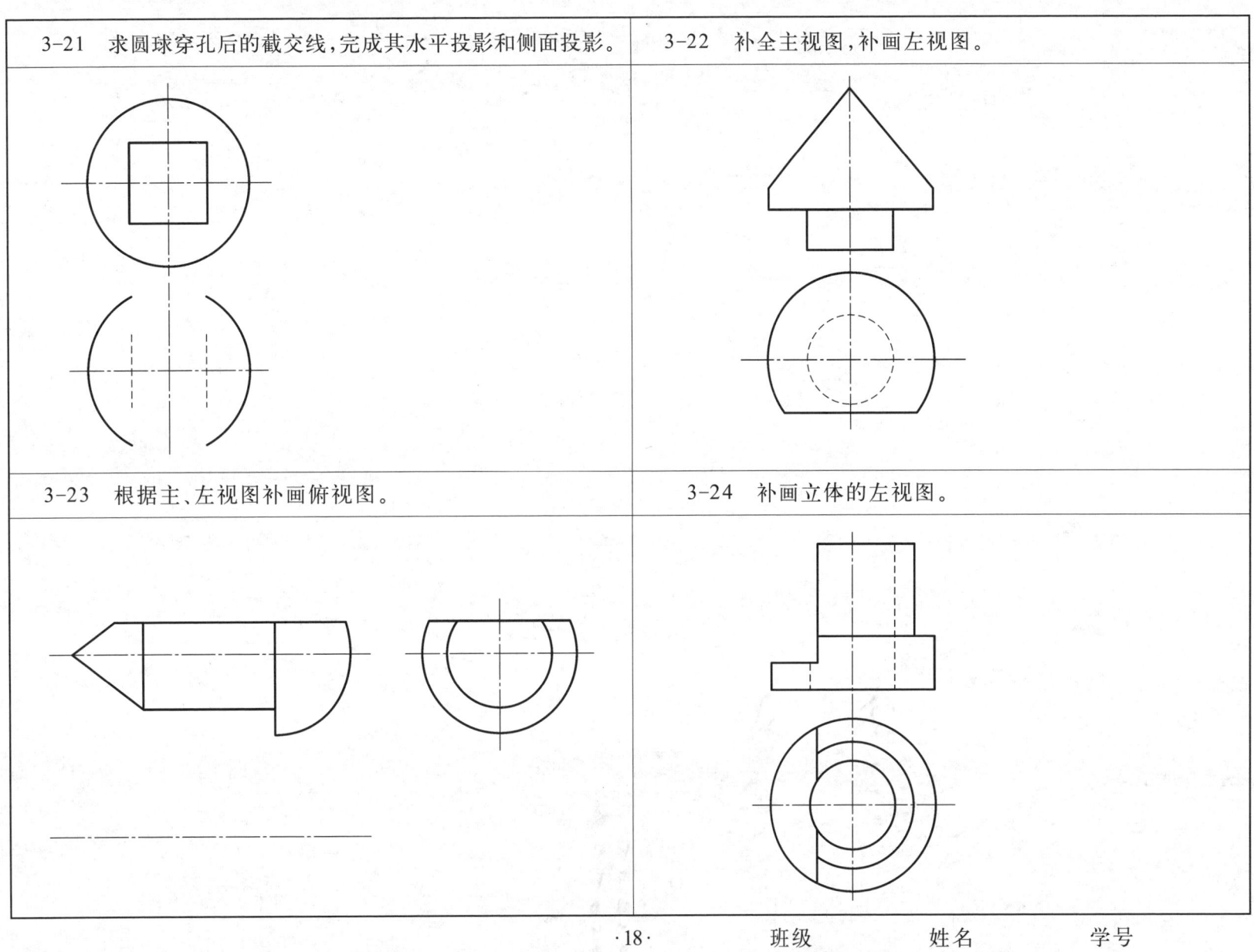

3-25 补全穿孔立体的左视图。

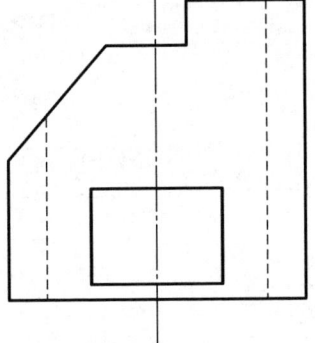

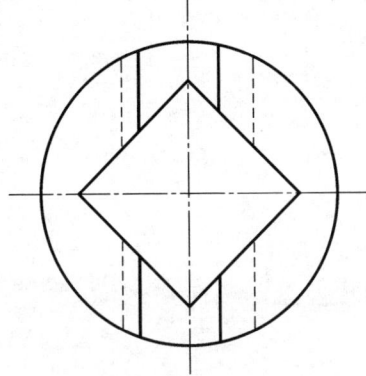

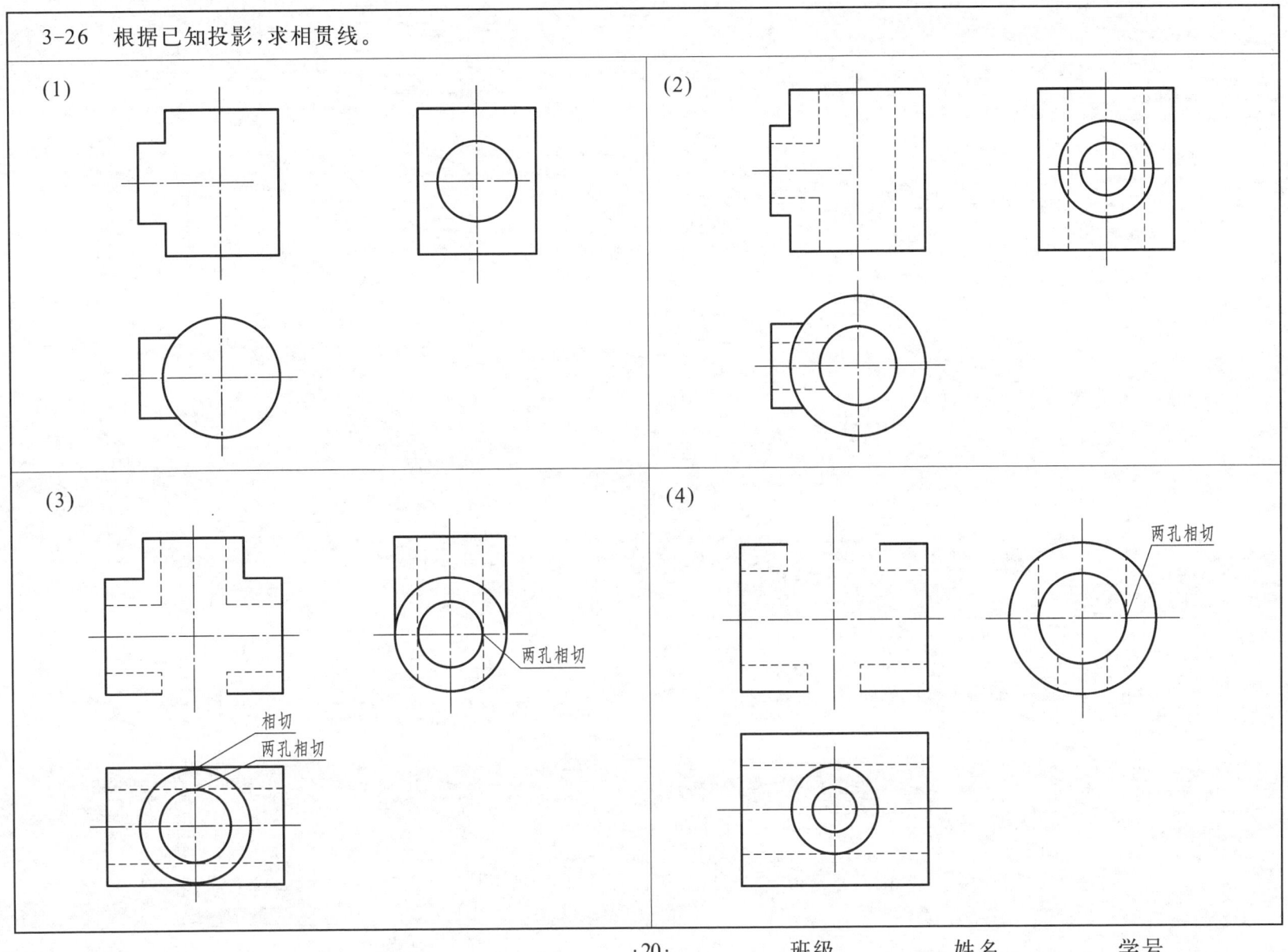

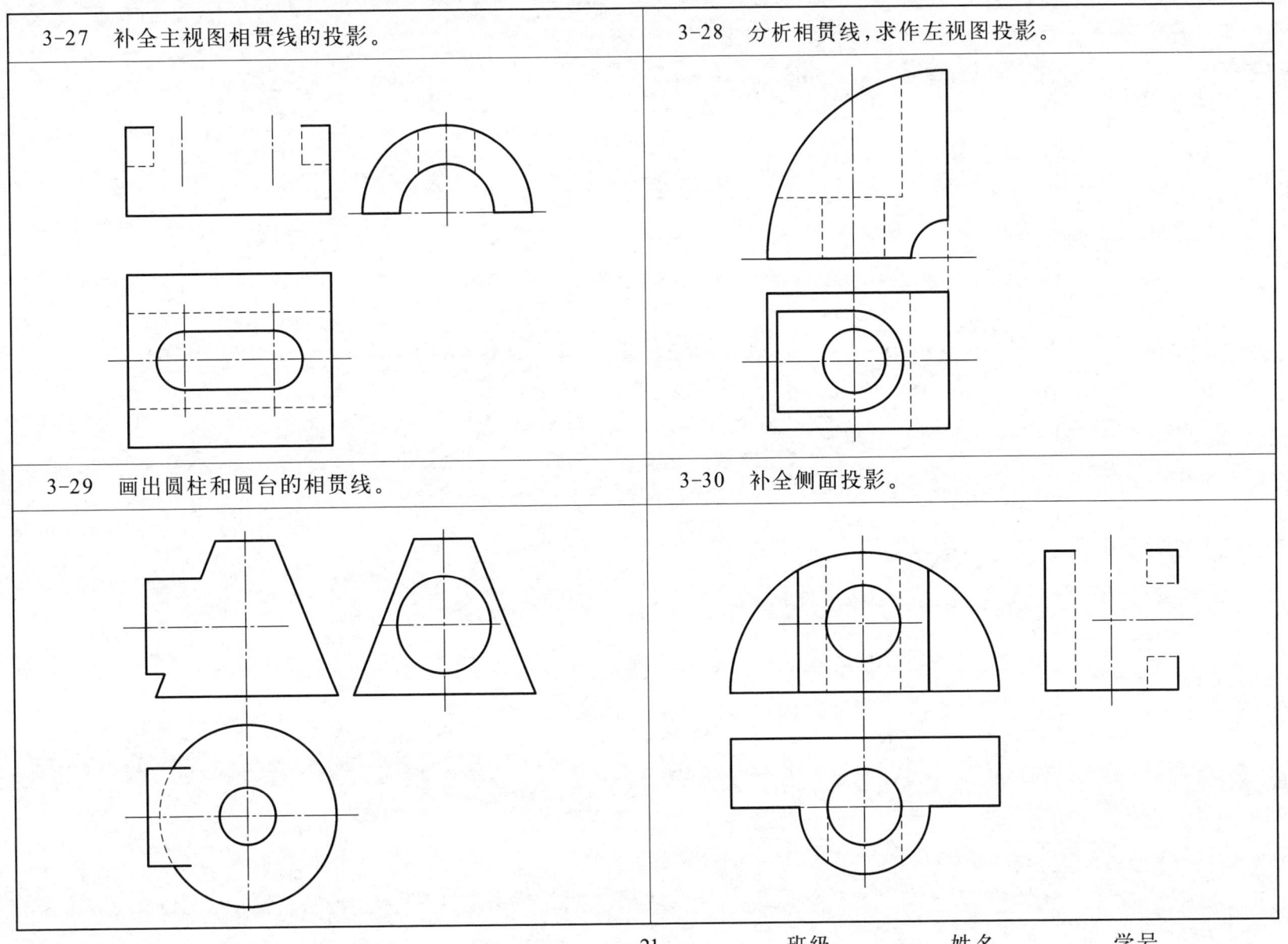

3-31 求相贯线的投影。

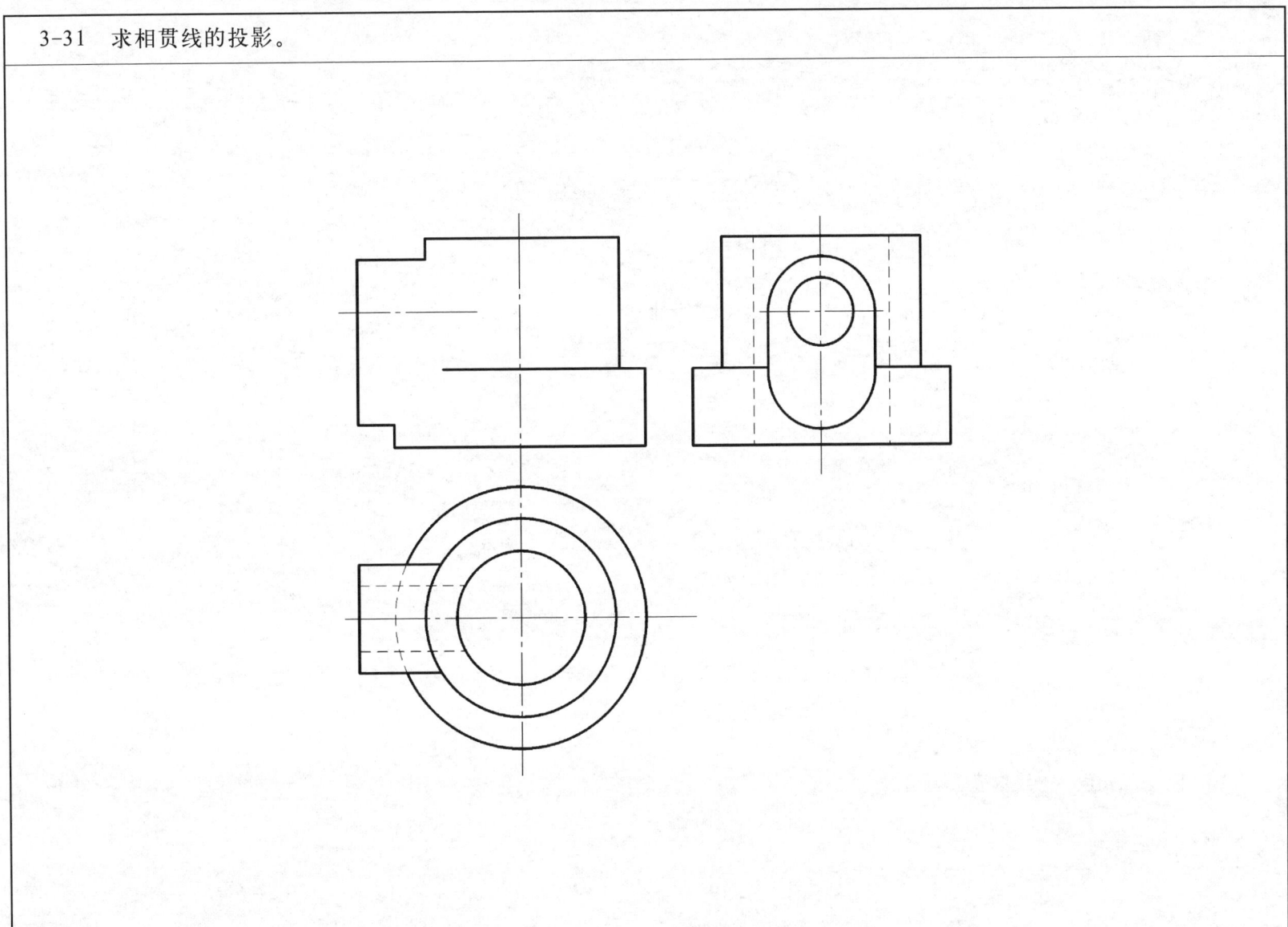

第4章 轴测图

4-1 根据已知三视图,绘制正等轴测图(尺寸从图中1:1量取)。

(1)

(2)

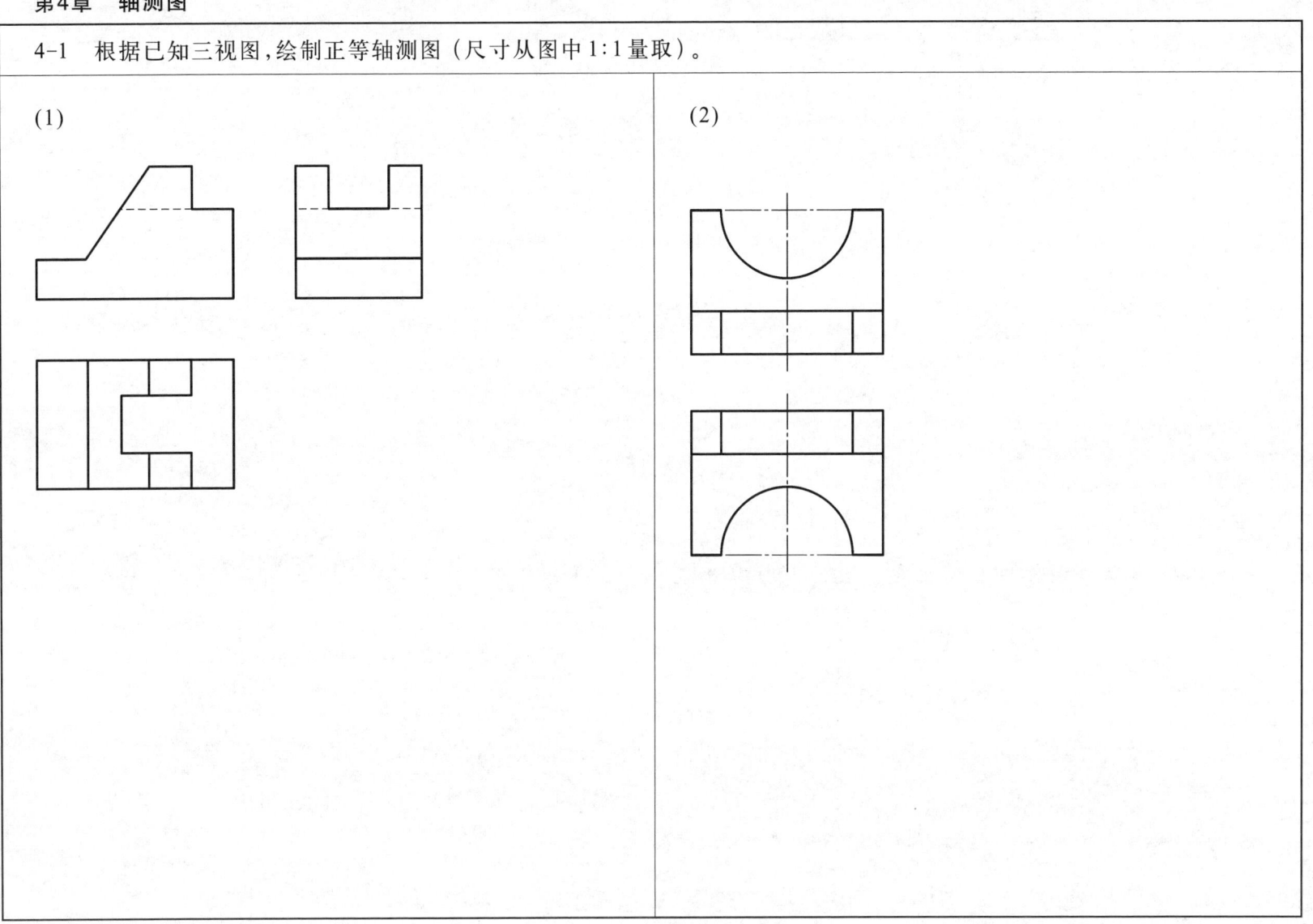

4-2 根据已知视图,绘制斜二轴测图(尺寸从图中1∶1量取)。

(1)

(2)

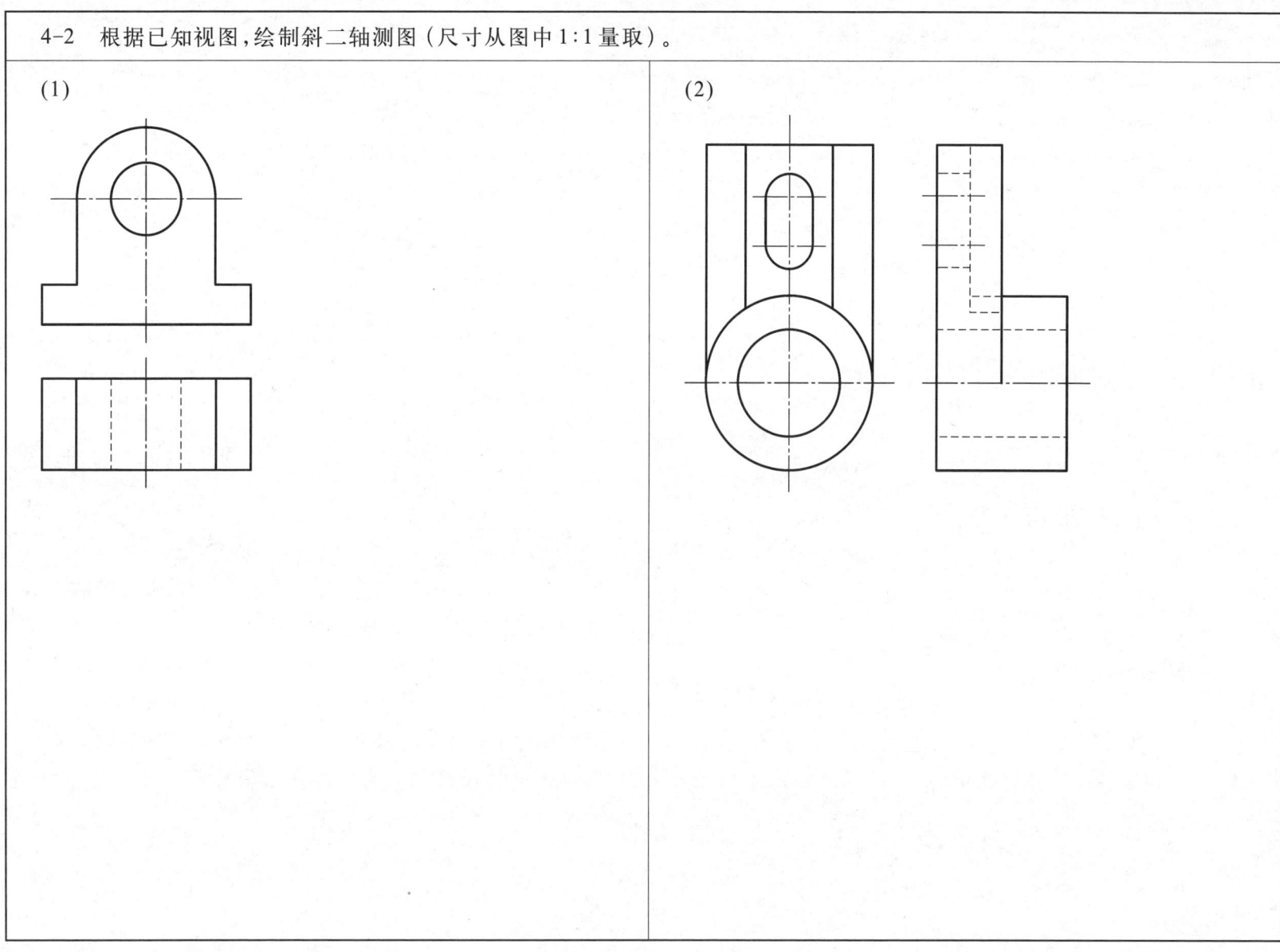

4-3 徒手画轴测图。

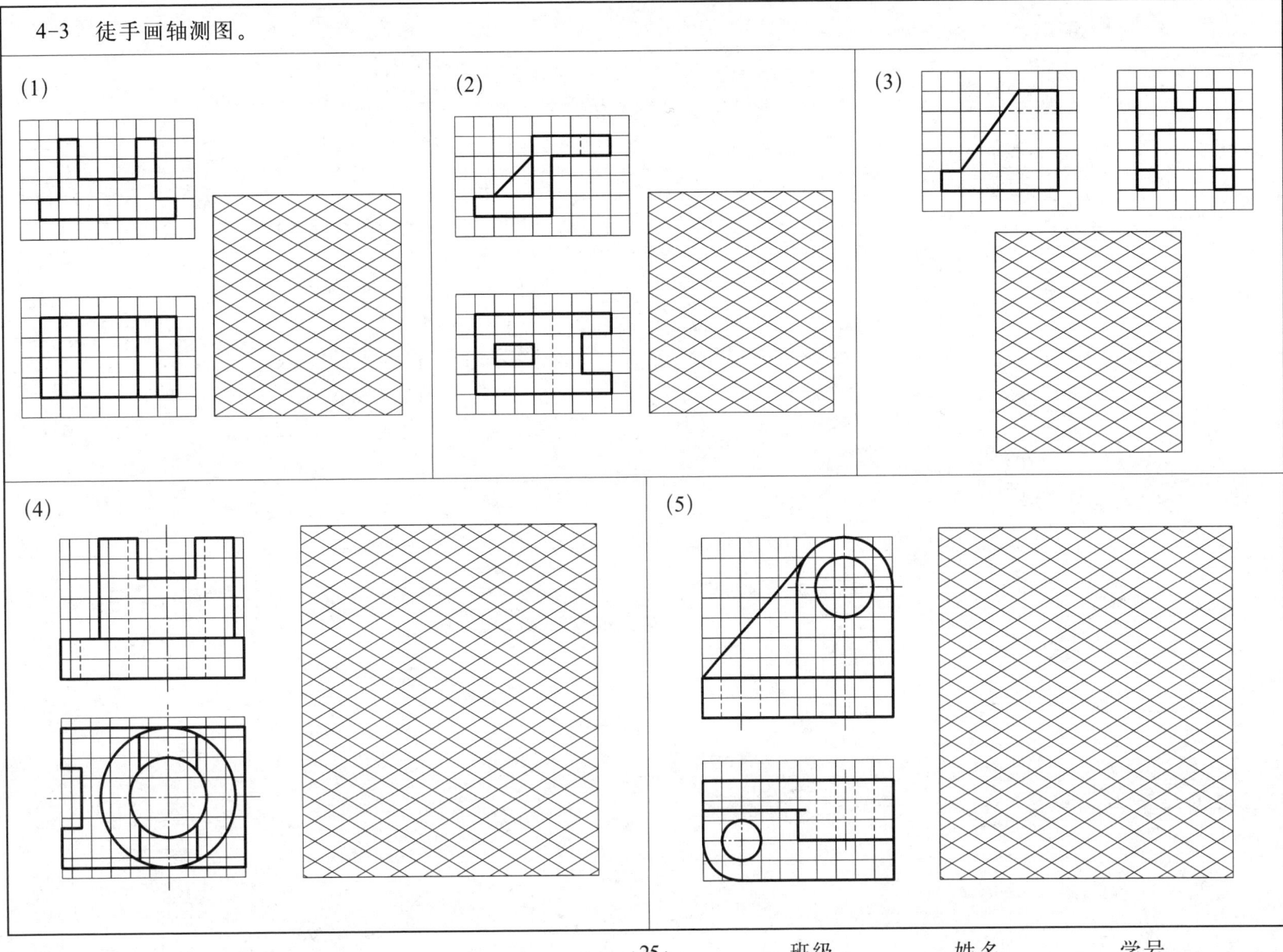

第5章 组合体

5-1 根据轴测图补视图或补画视图中的缺漏线。

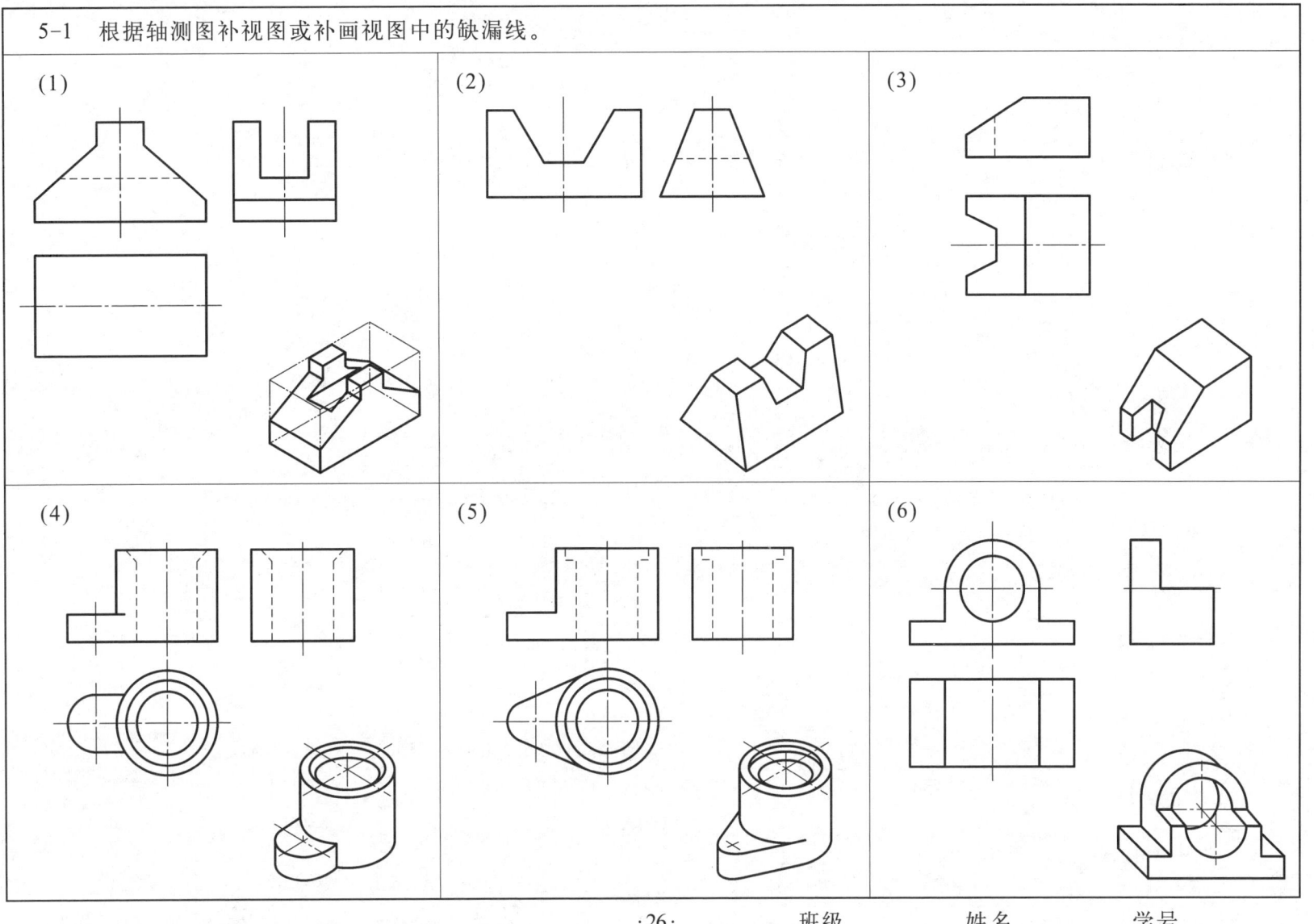

5-2 看懂视图，补画漏线；多余的图线打"×"。

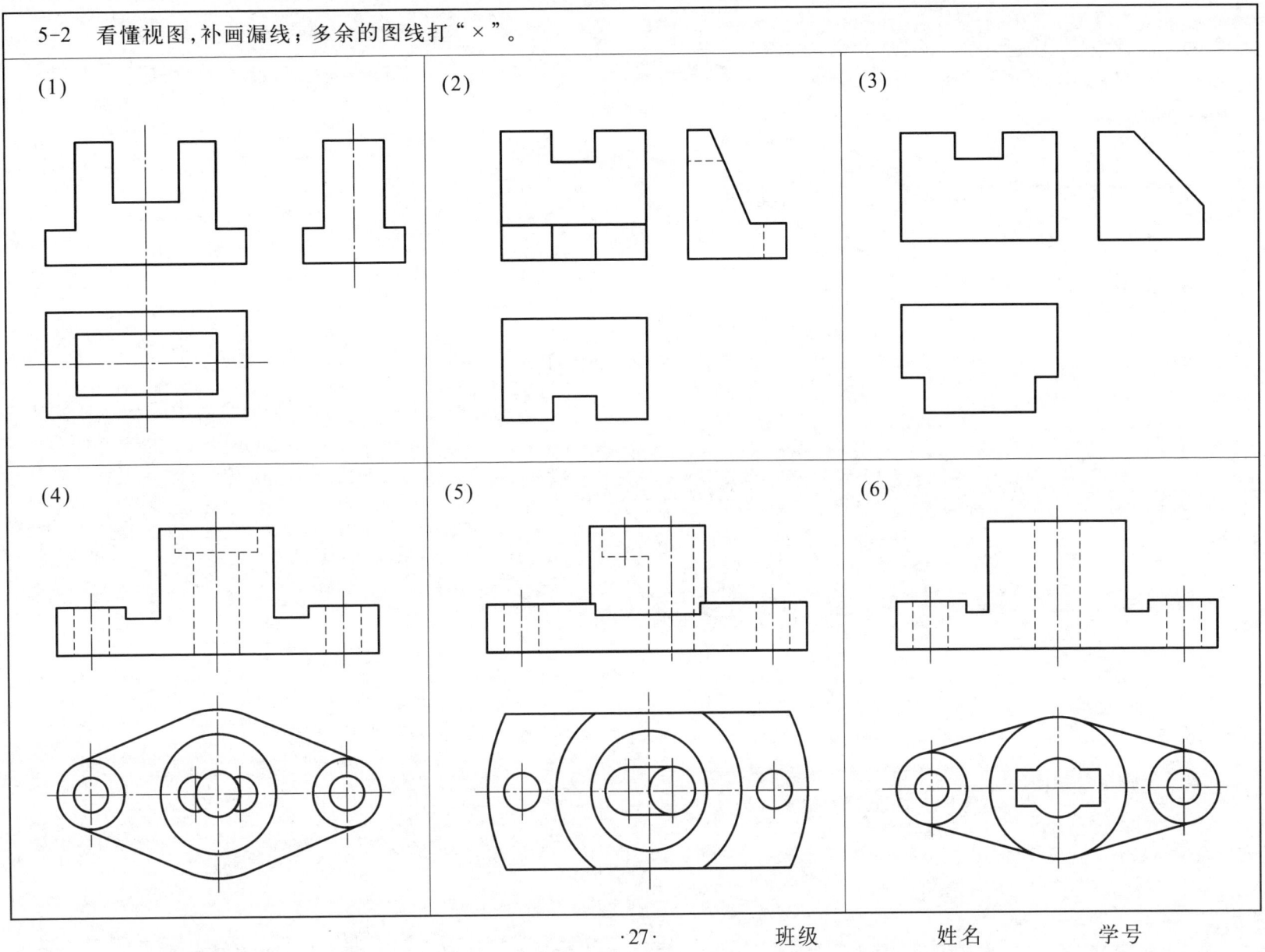

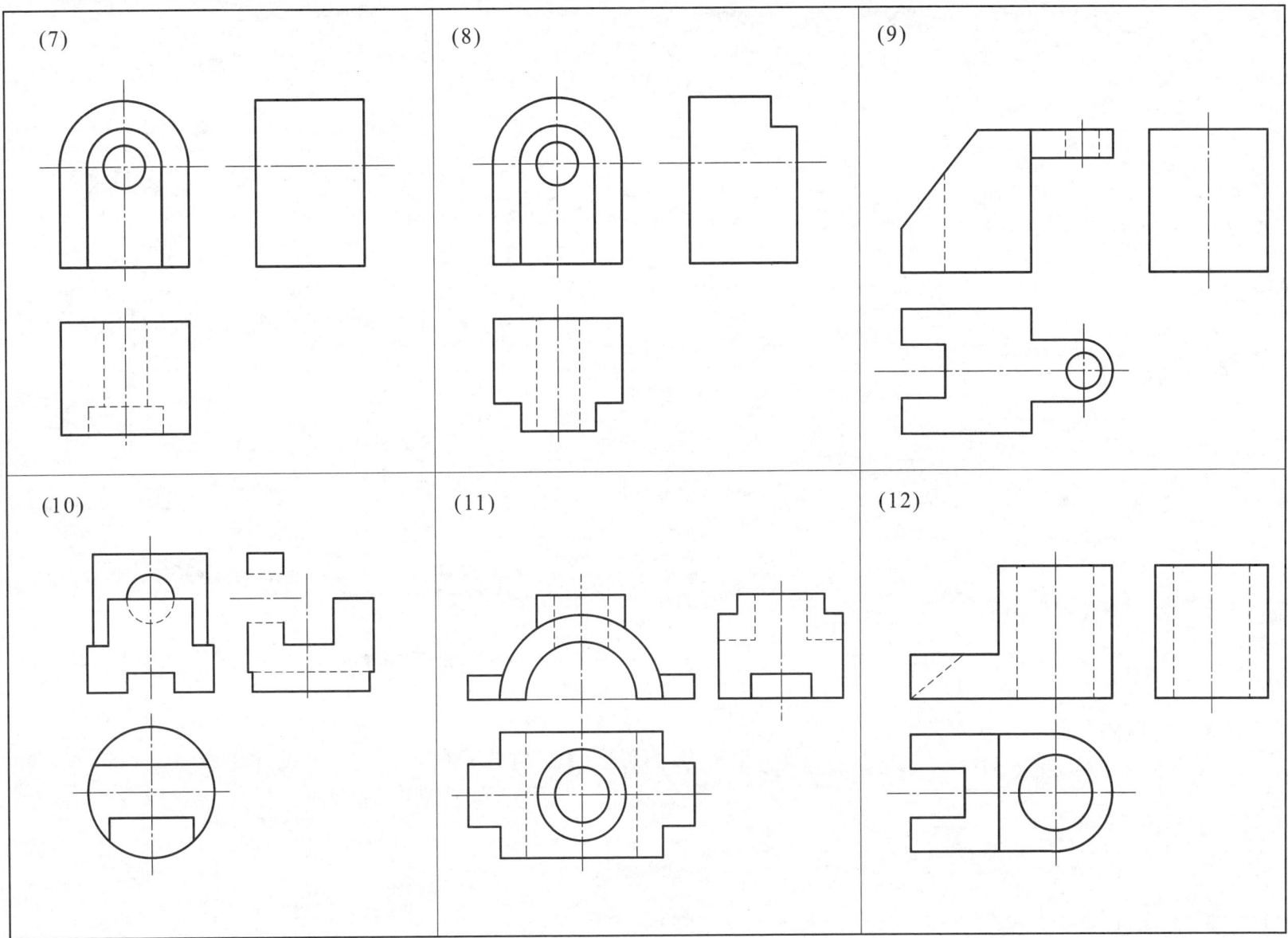

5-3 看懂视图，分别找出相应的轴测图。

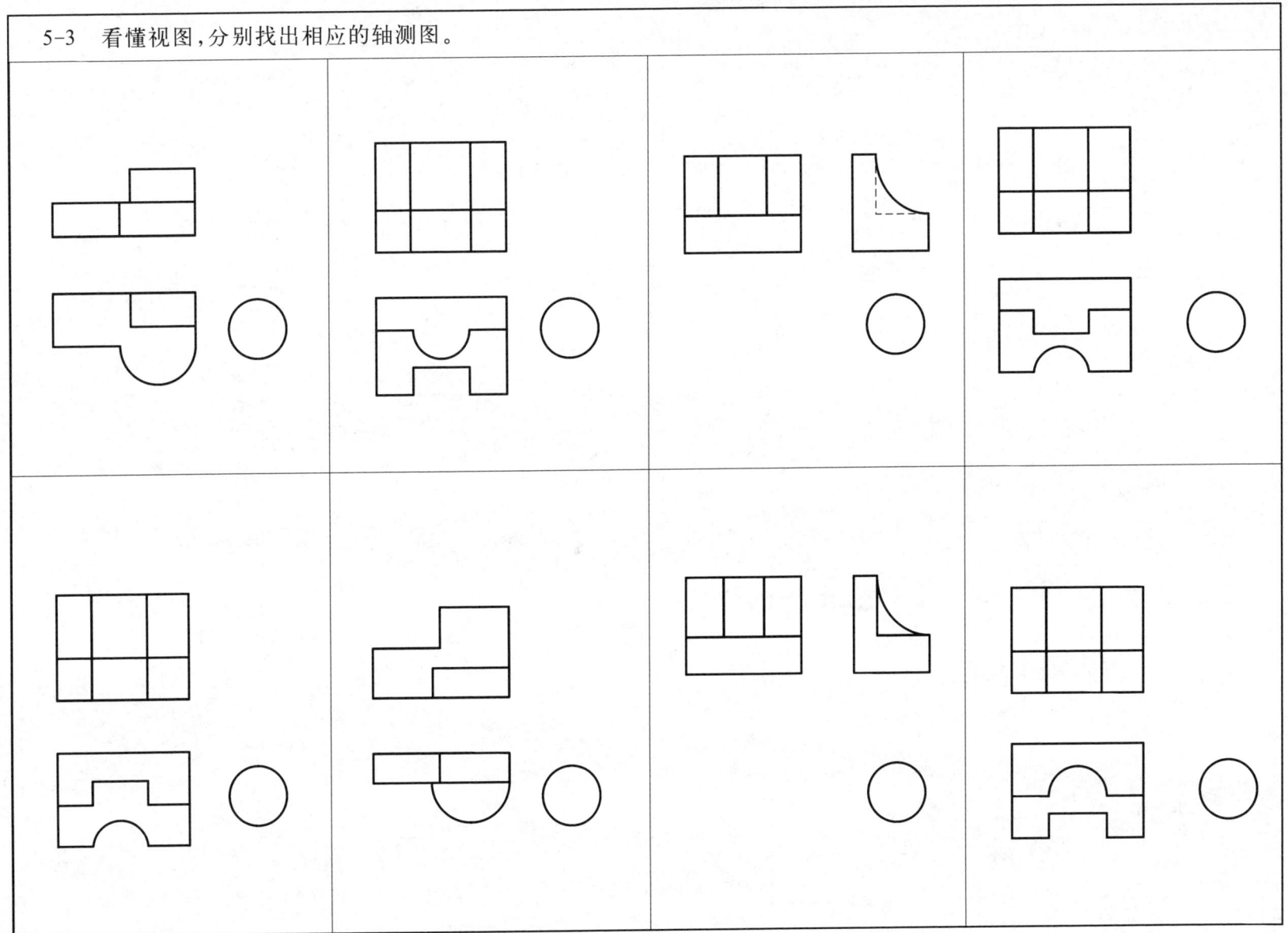

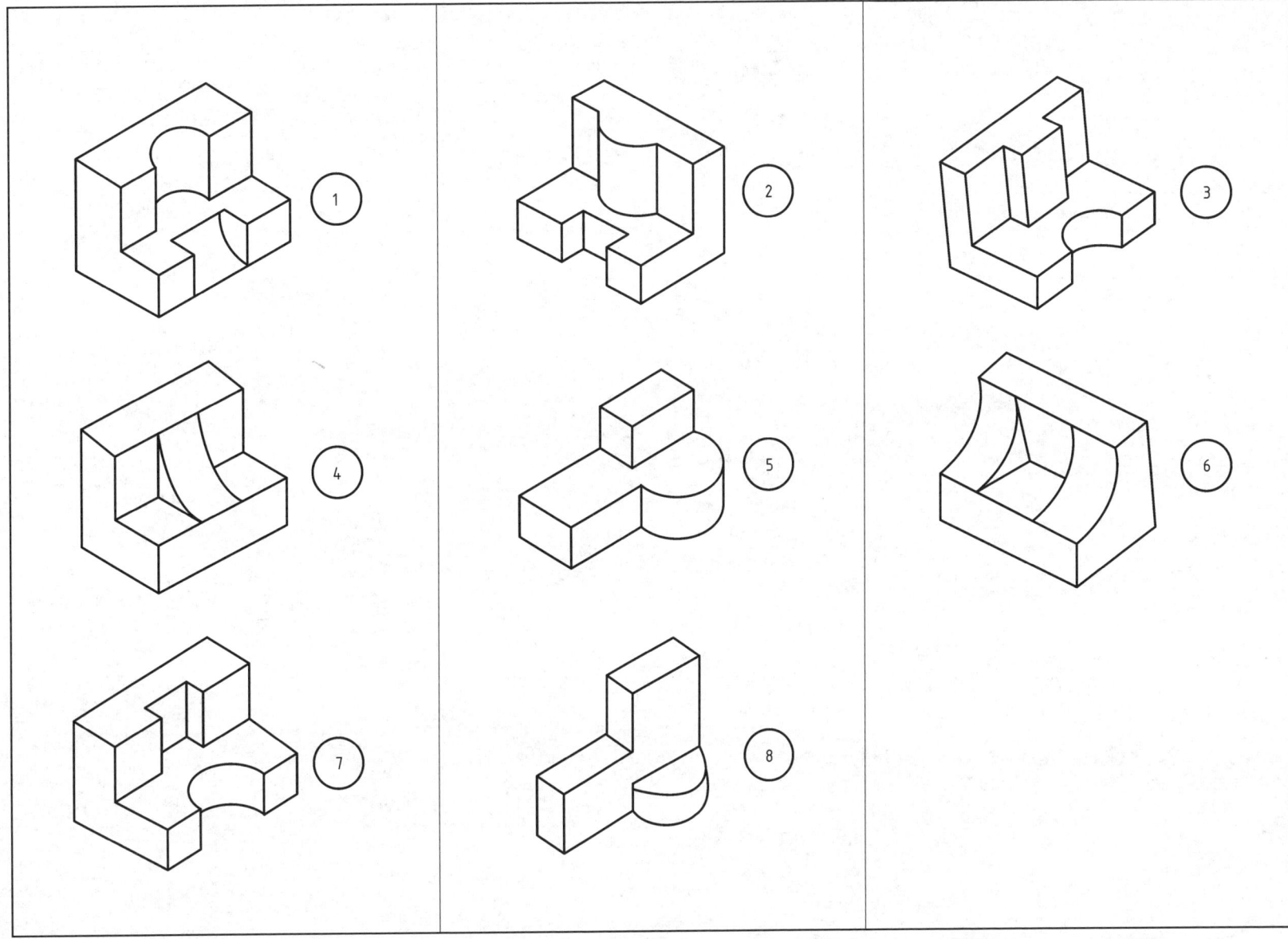

5-4 根据轴测图画组合体三视图,尺寸从图中按1:1量取整数。

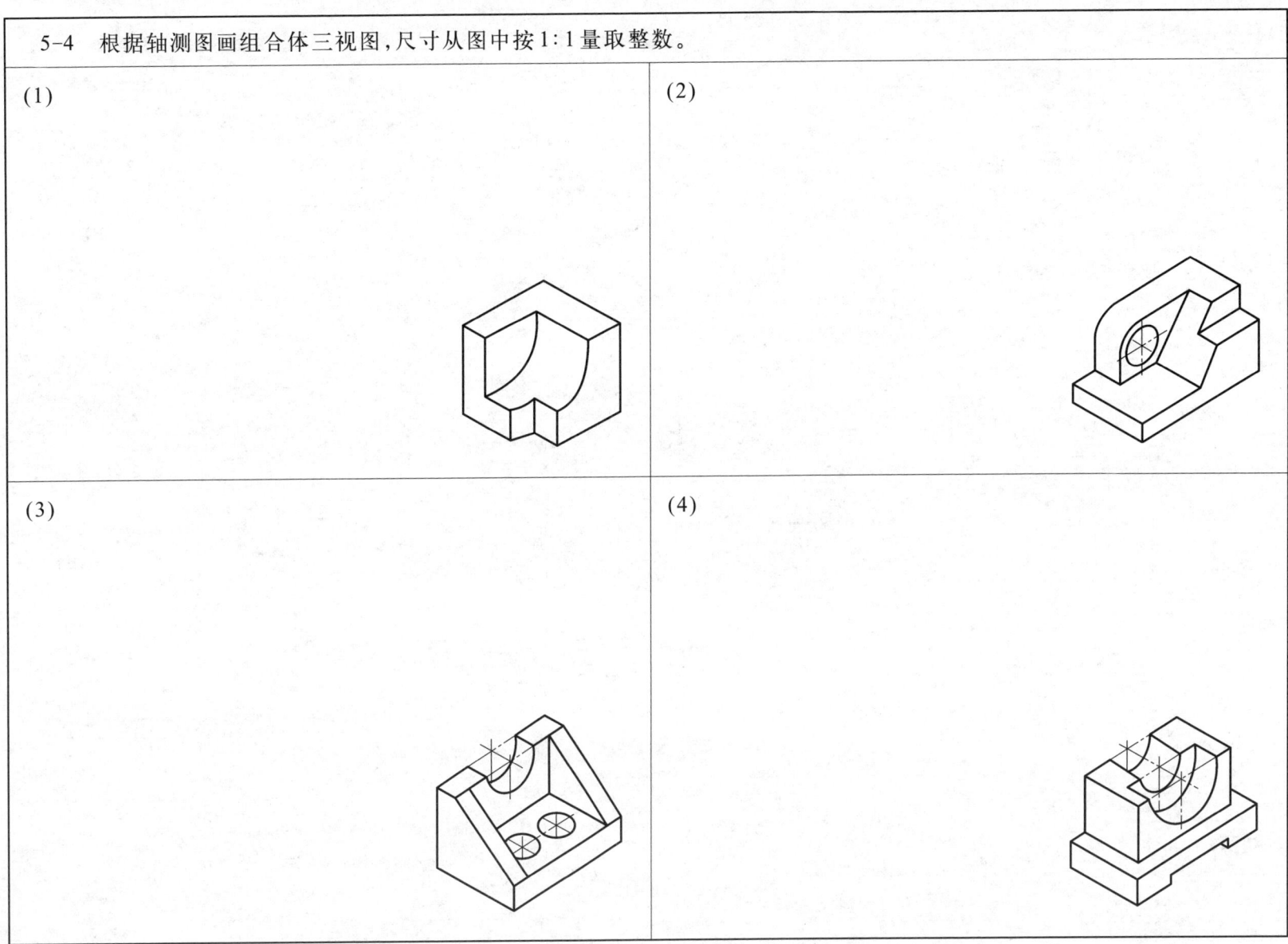

5-5　根据轴测图，按图中尺寸1:1画组合体三视图。

(1)

(2)

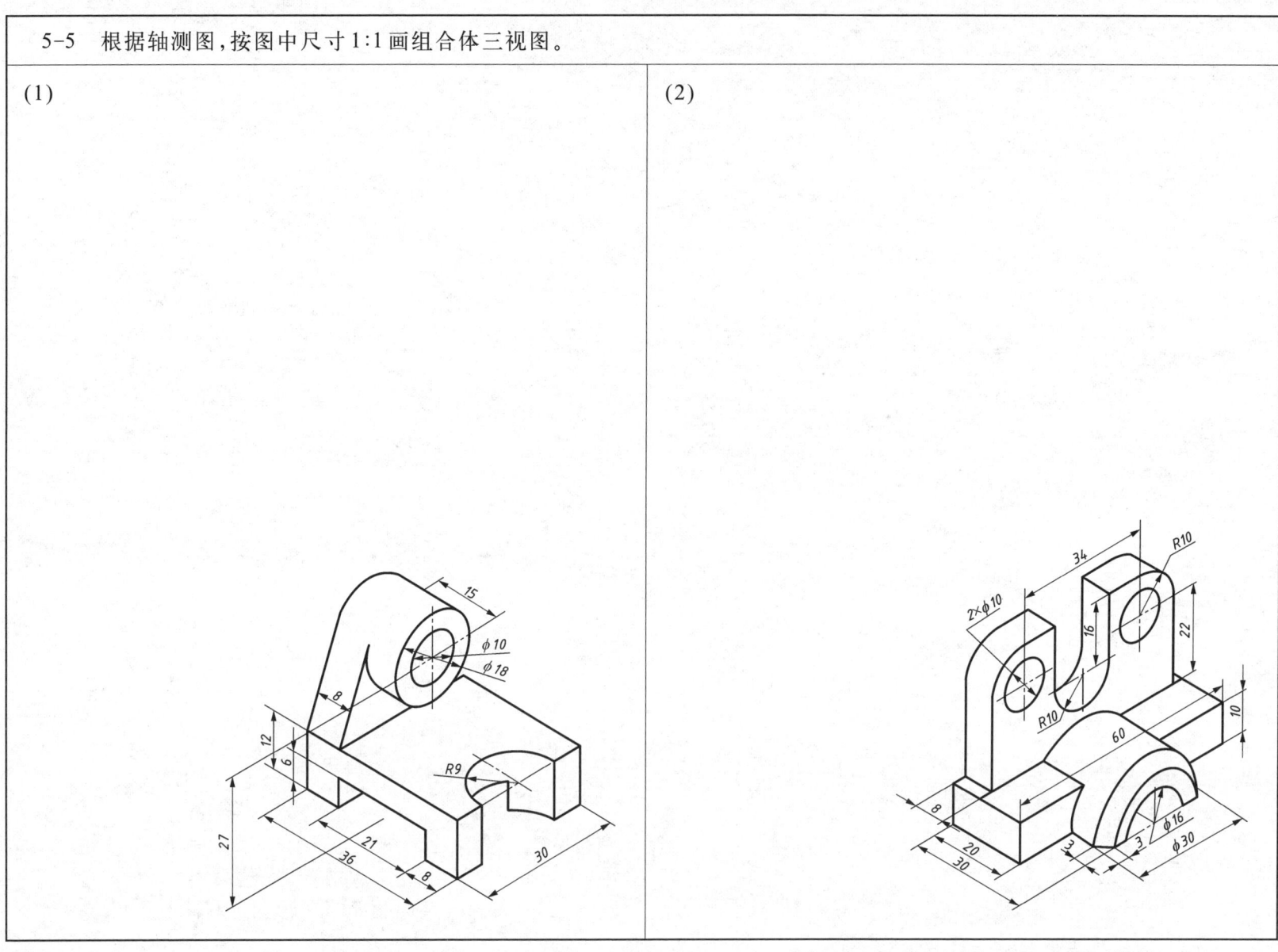

5-6 已知两个视图，补画第三视图。

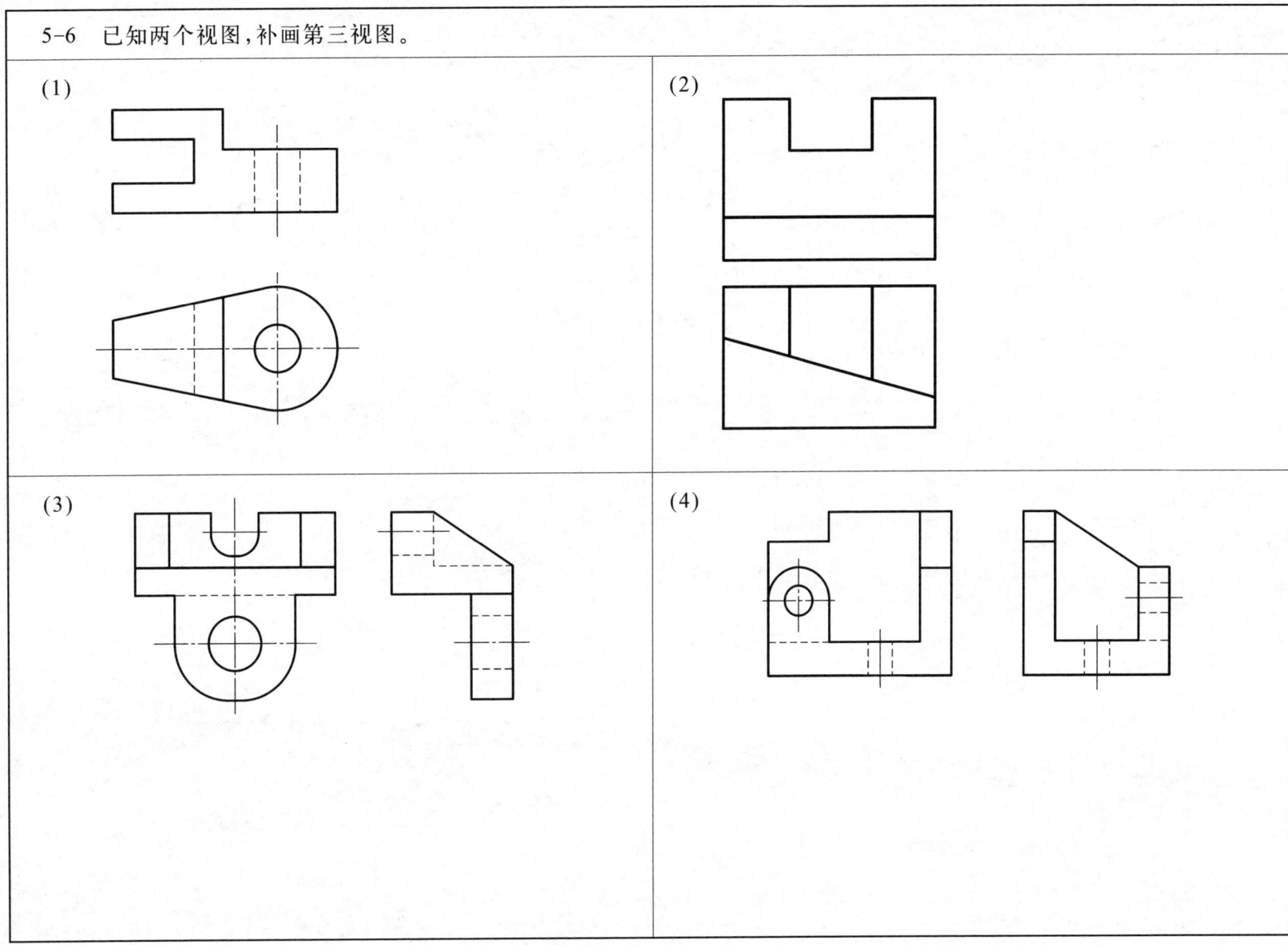

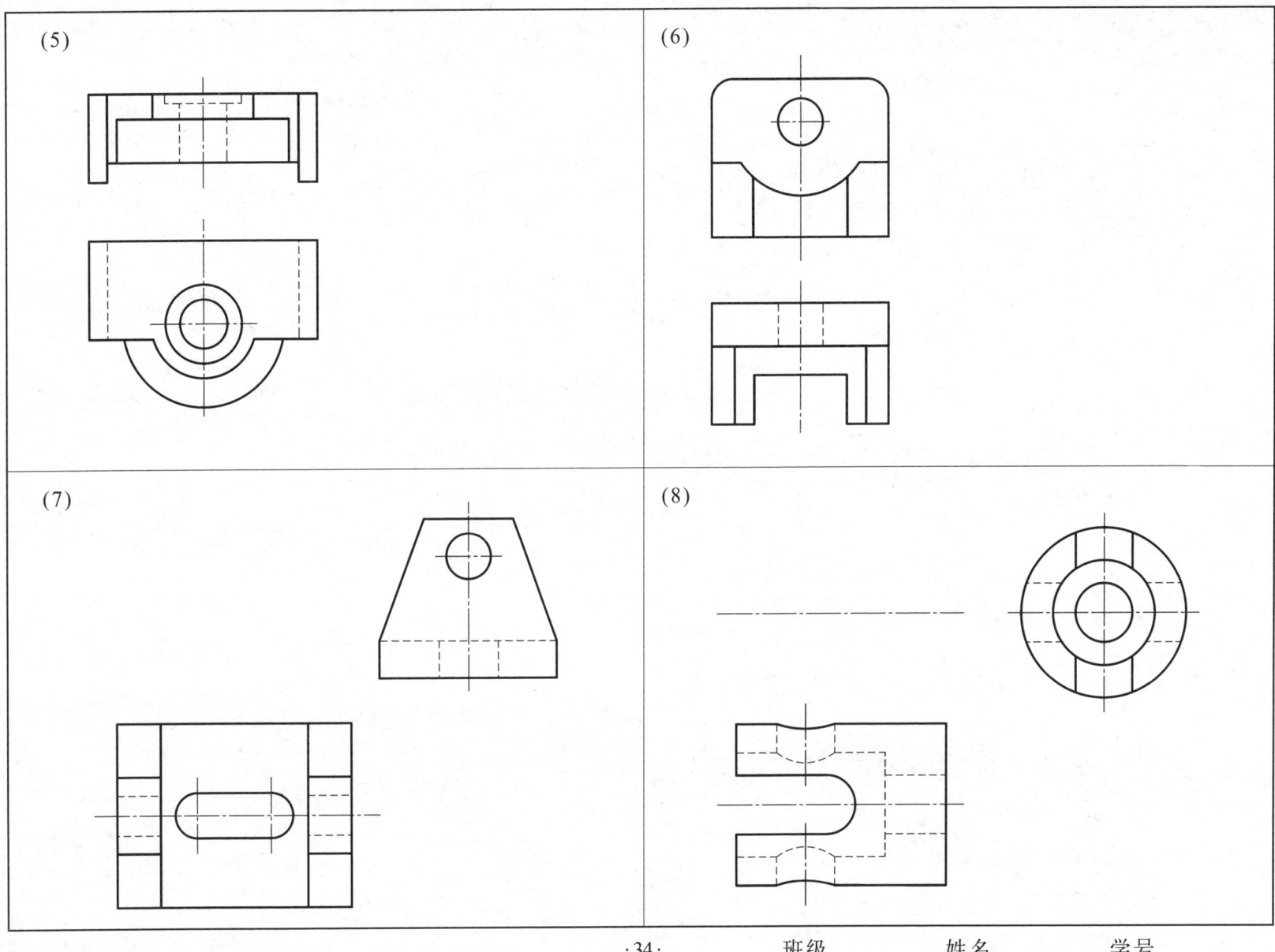

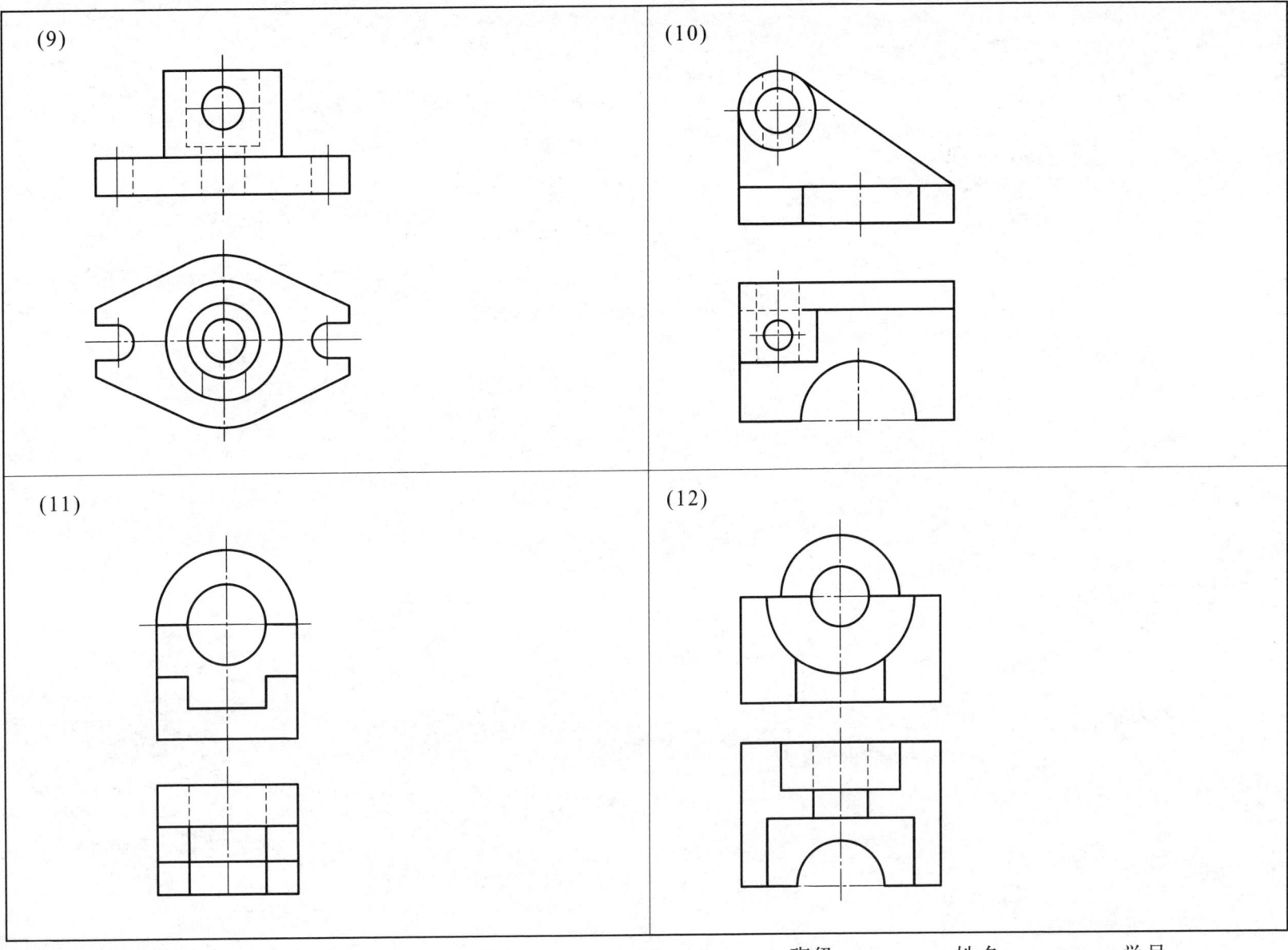

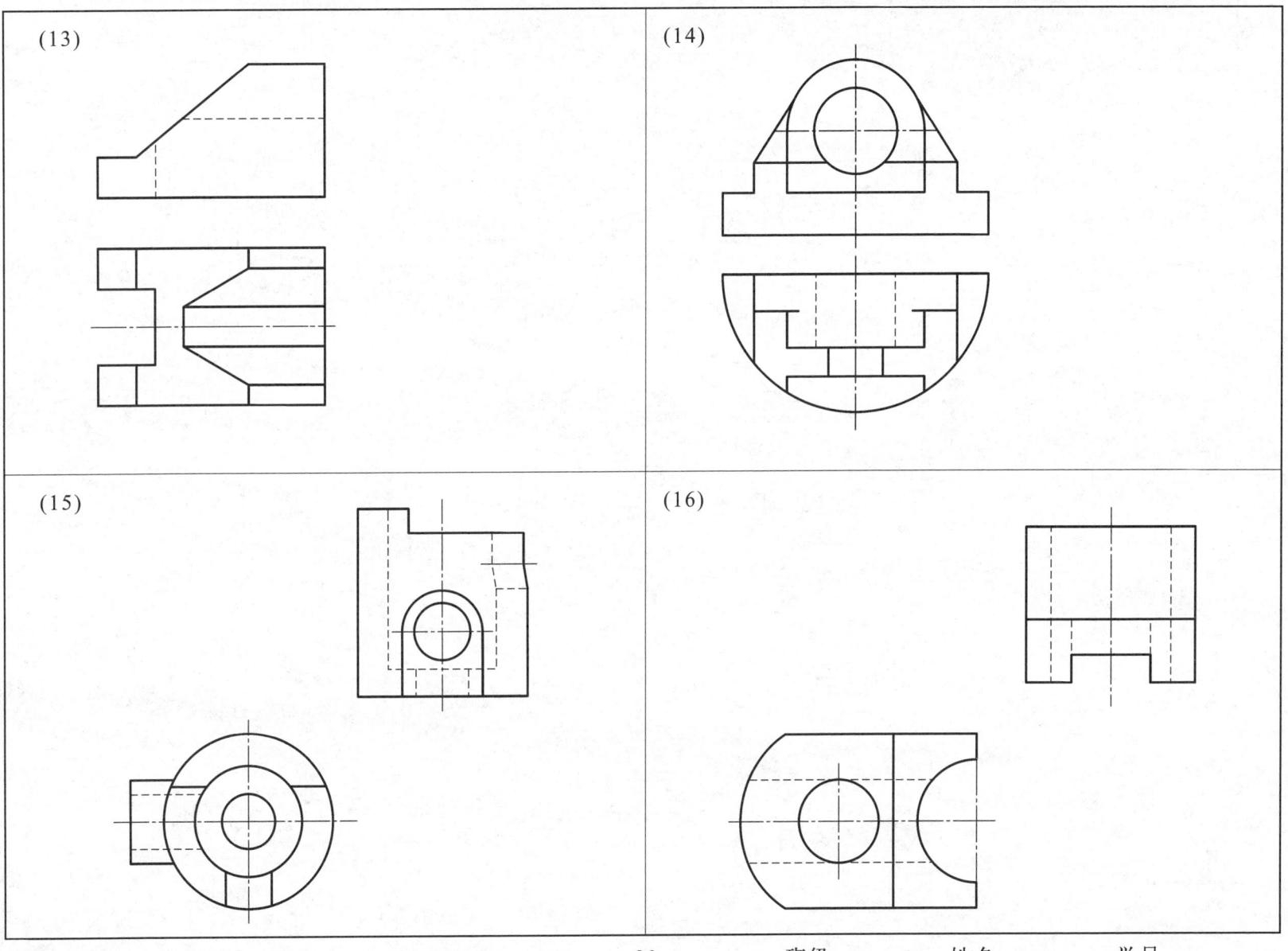

5-7 标注组合体视图的尺寸（尺寸数值从图中1∶1量取，取整数）。

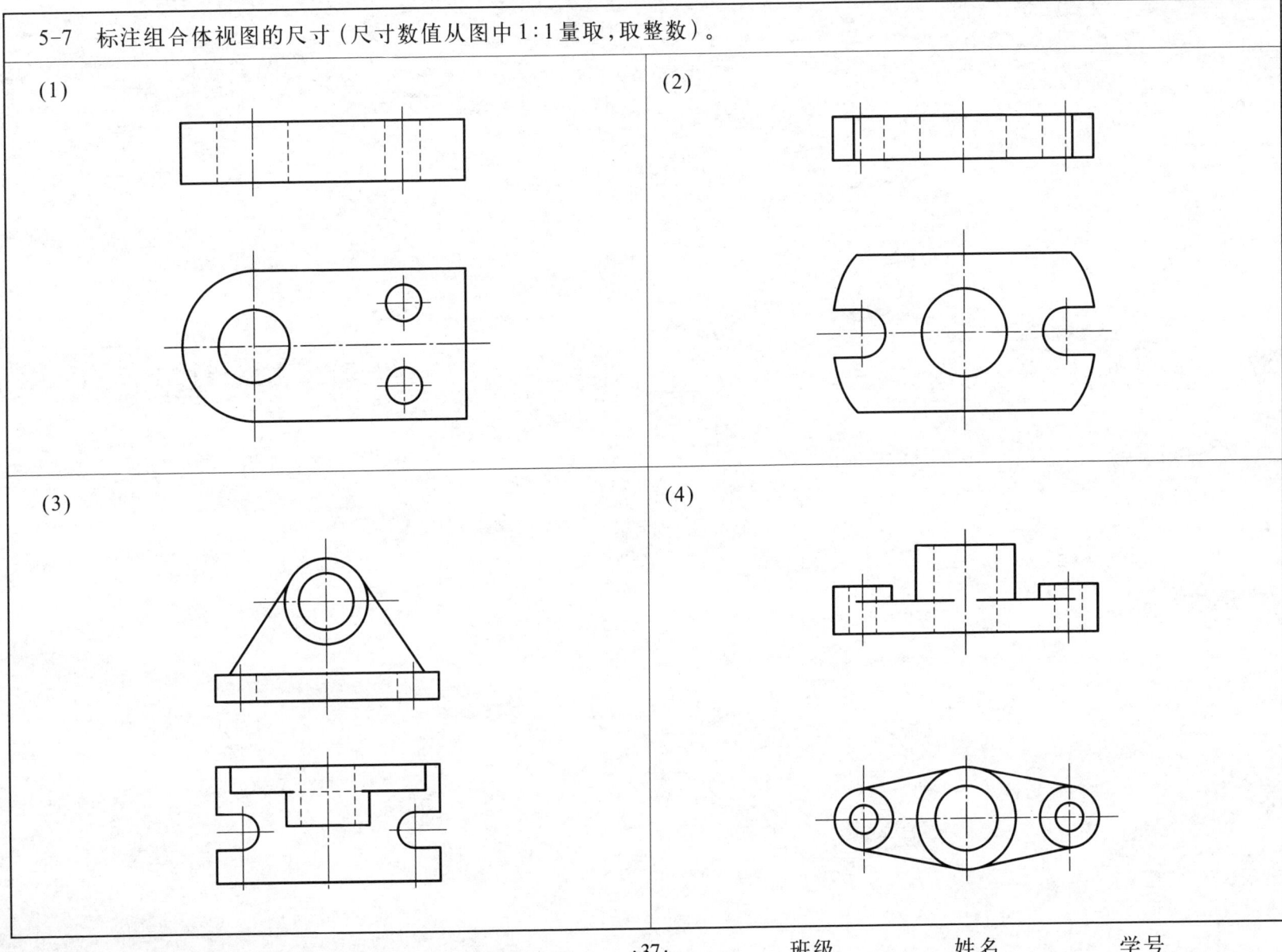

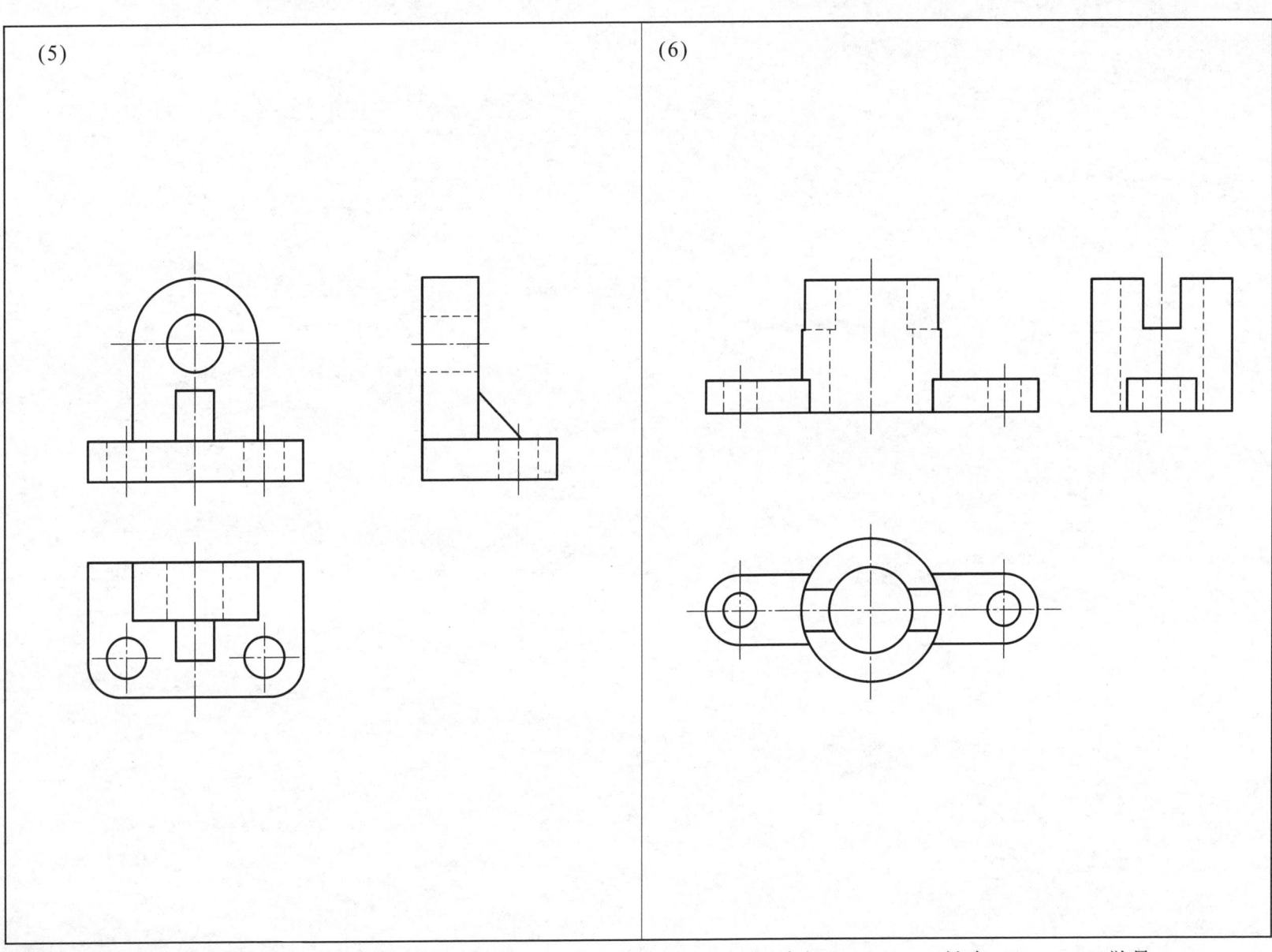

5-8　在A3图纸上选择适当的比例画出组合体三视图（二选一），并标注尺寸。

一、作业目的
　(1) 进一步理解与巩固"物"与"图"之间的关系。
　(2) 学习运用形体分析法、线面分析法，绘制组合体三视图。
　(3) 进一步掌握组合体尺寸标注的方法。

二、图名：组合体的三视图

三、作业提示
　(1) 正确选择主、俯、左视图，完整、清晰地表达组合体的内、外形状。
　(2) 视图布置合理，注意视图之间预留标注尺寸的位置。
　(3) 标注尺寸要做到：正确、完整、清晰；标注尺寸时应注意不要照搬轴测图上的尺寸注法，应重新考虑视图上尺寸的配置。
　(4) 图线画法、字体书写要符合国家标准要求。

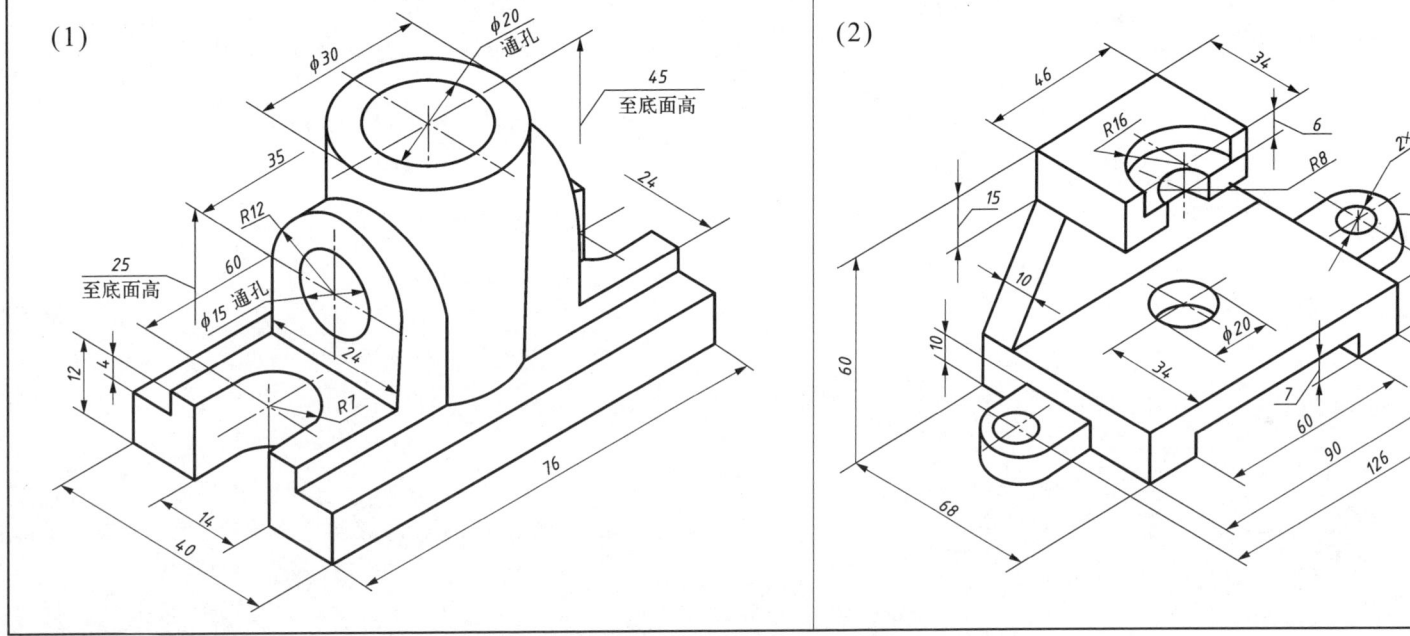

5-9 根据主视图,构型出多个立体,并画出它们的视图及轴测图。

(1)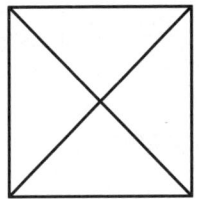

(2)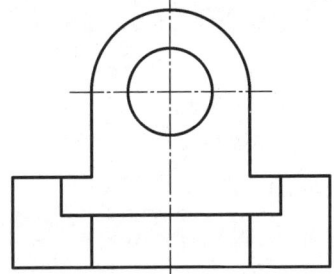

5-10 根据已知的主、俯视图,构型出多个立体,并画出它们的左视图及轴测图。

(1)

(2)

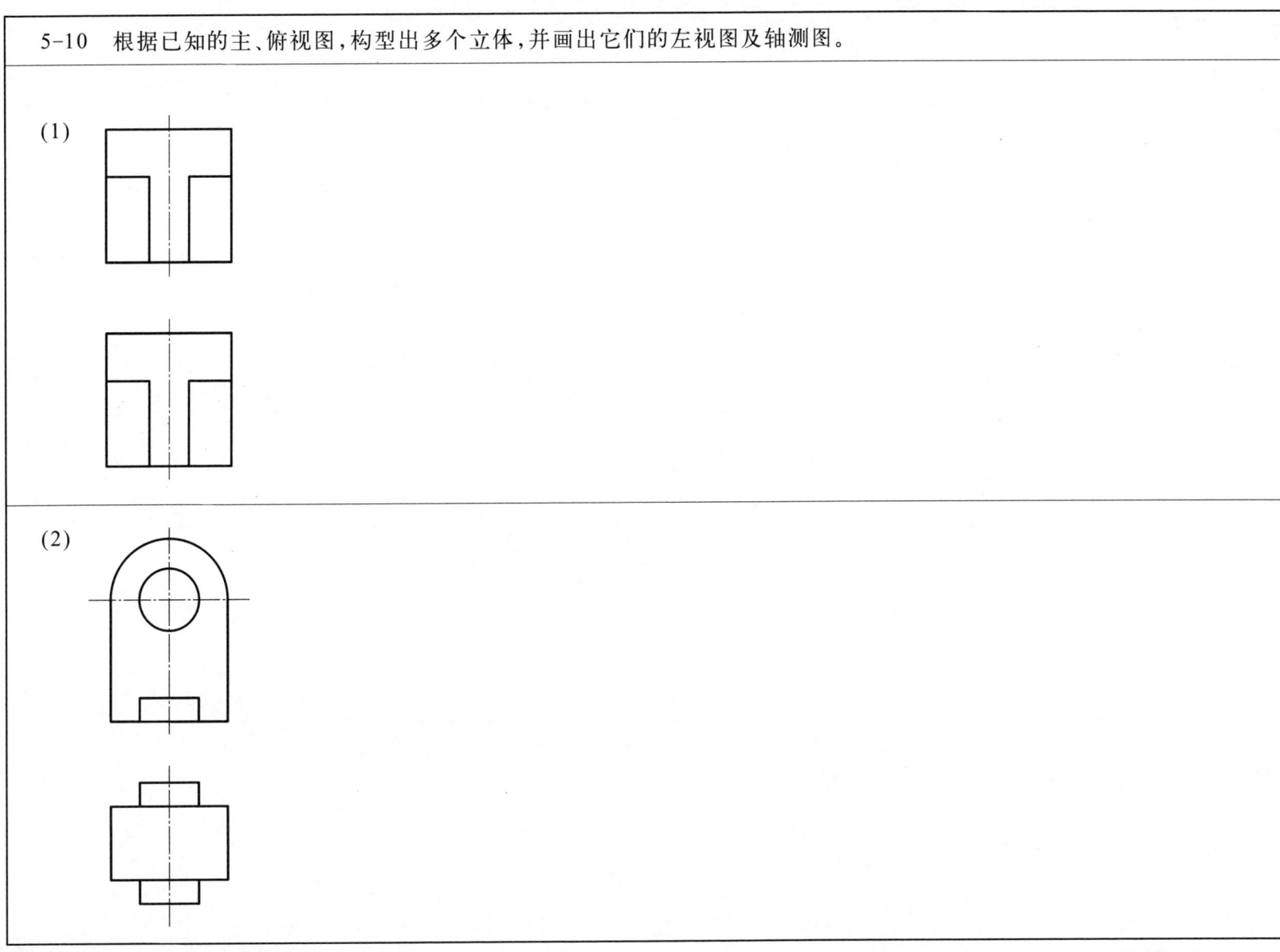

5-11 根据已知的三视图,构型出一个立体,使其能与已知立体拼接成完整长方体,并画出它的三视图及轴测图。

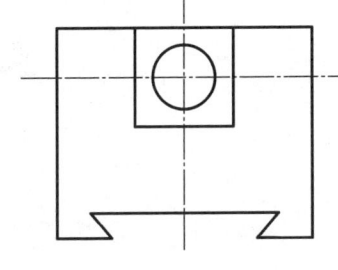
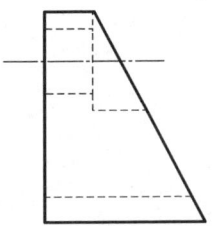
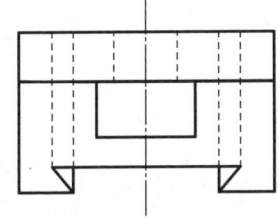

第6章 机件的常用表达法

6-1 根据主、俯、左视图,画出仰视图和右视图。

6-2 作出 A 向局部视图和 B 向斜视图。

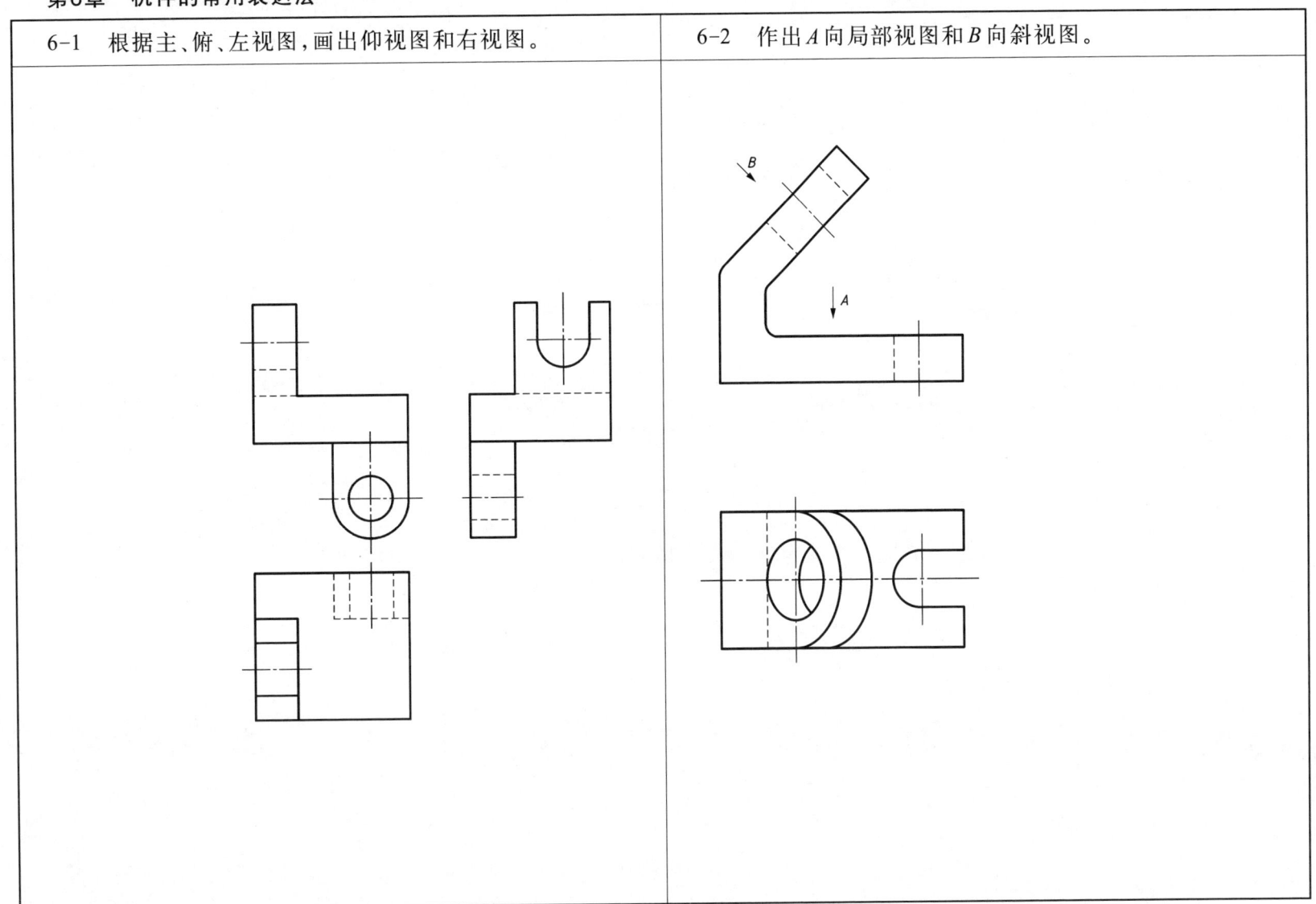

6-3 在空白位置画局部视图和斜视图。

6-4 作A向斜视图。

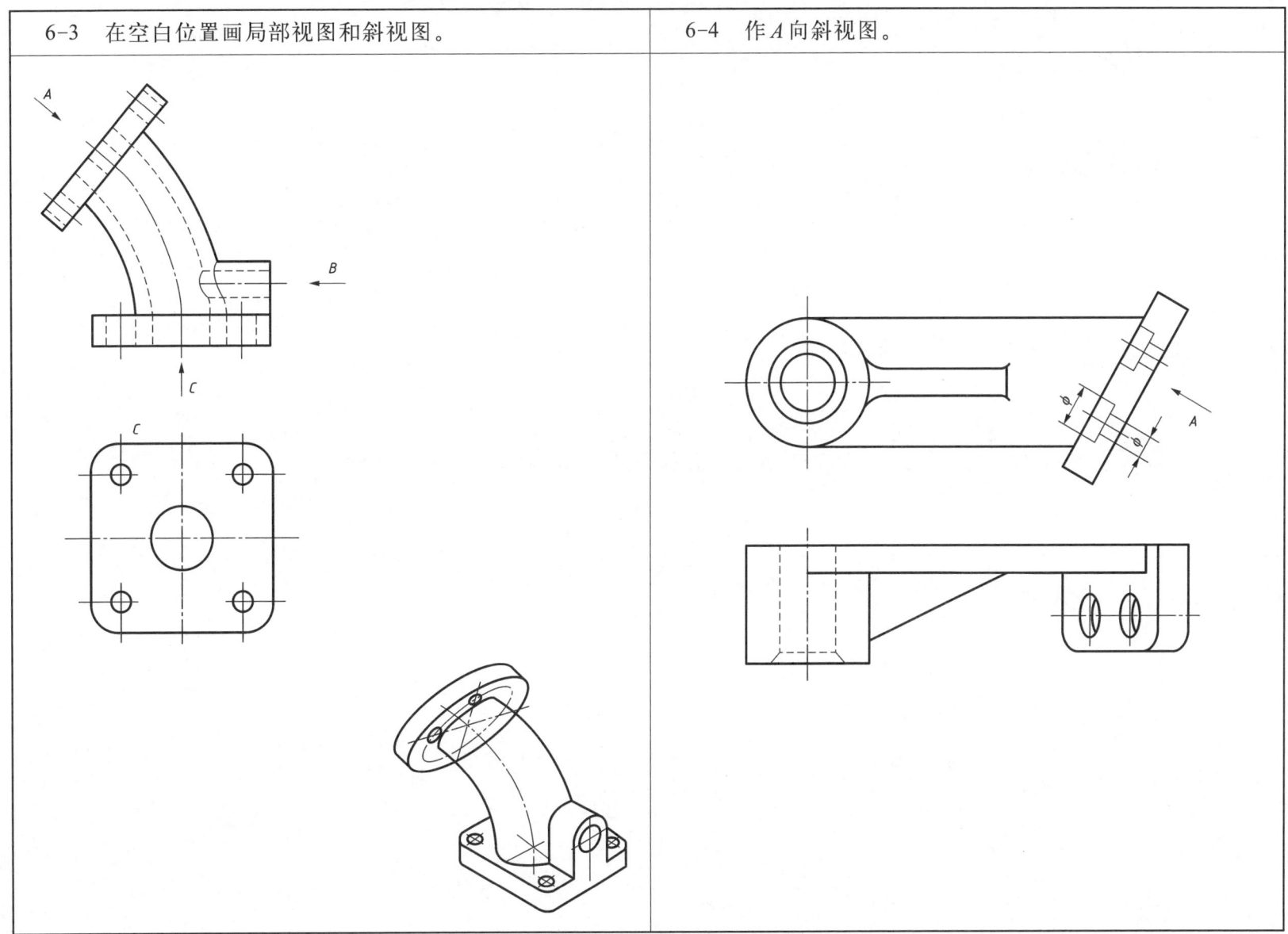

6-5 补全下列视图中的漏线,多余的图线打"×"。

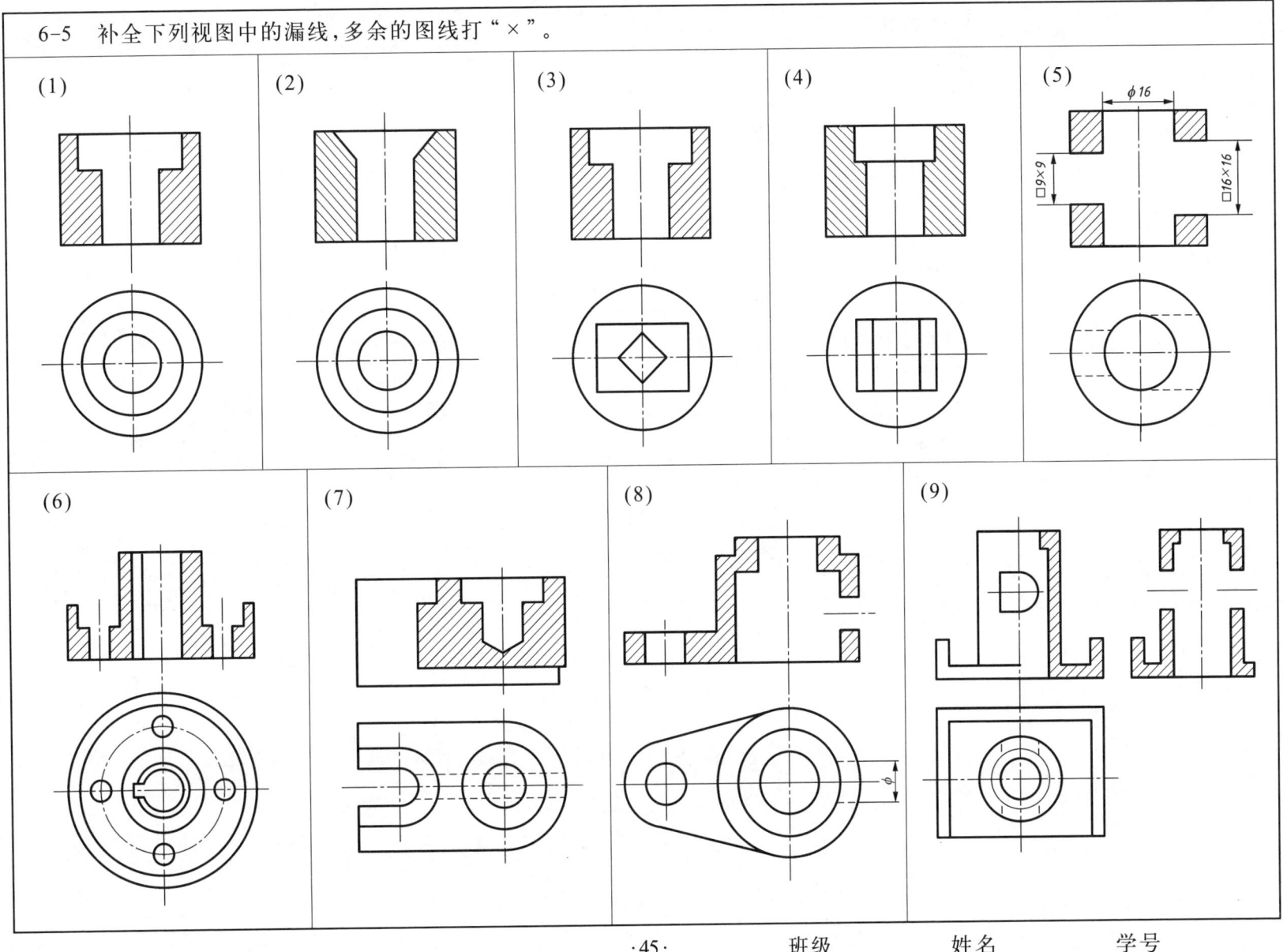

6-6 用单一剖切面,将主视图改成全剖视图(画在主、俯视图之间的空白处)。

(1)　　　　　　　　　　(2)　　　　　　　　　　(3)

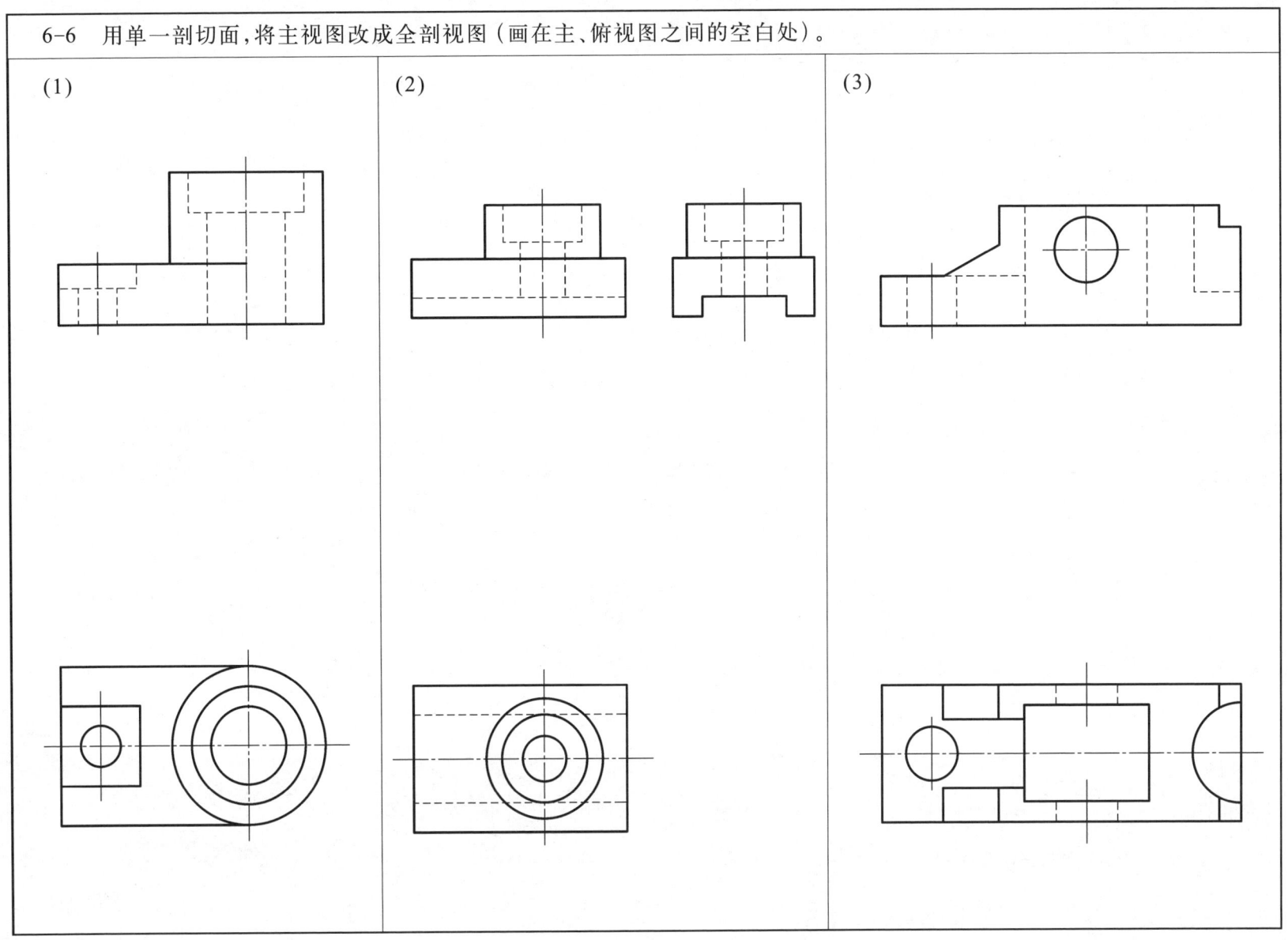

6-7 在指定位置上,画出全剖的主视图。

(1)

(2)

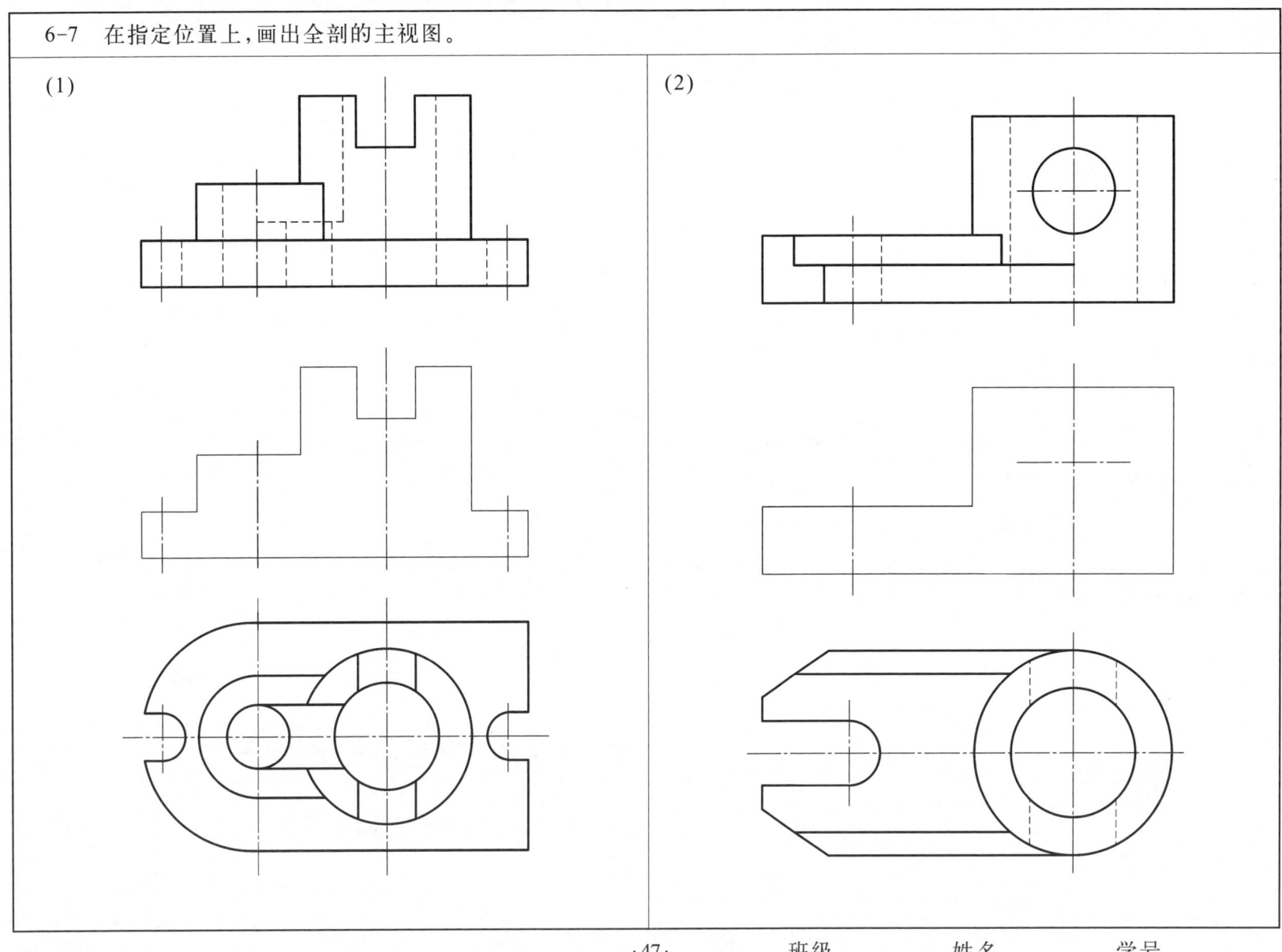

6-8 用单一剖切面,作全剖的左视图。

6-9 将主视图改成半剖视图。

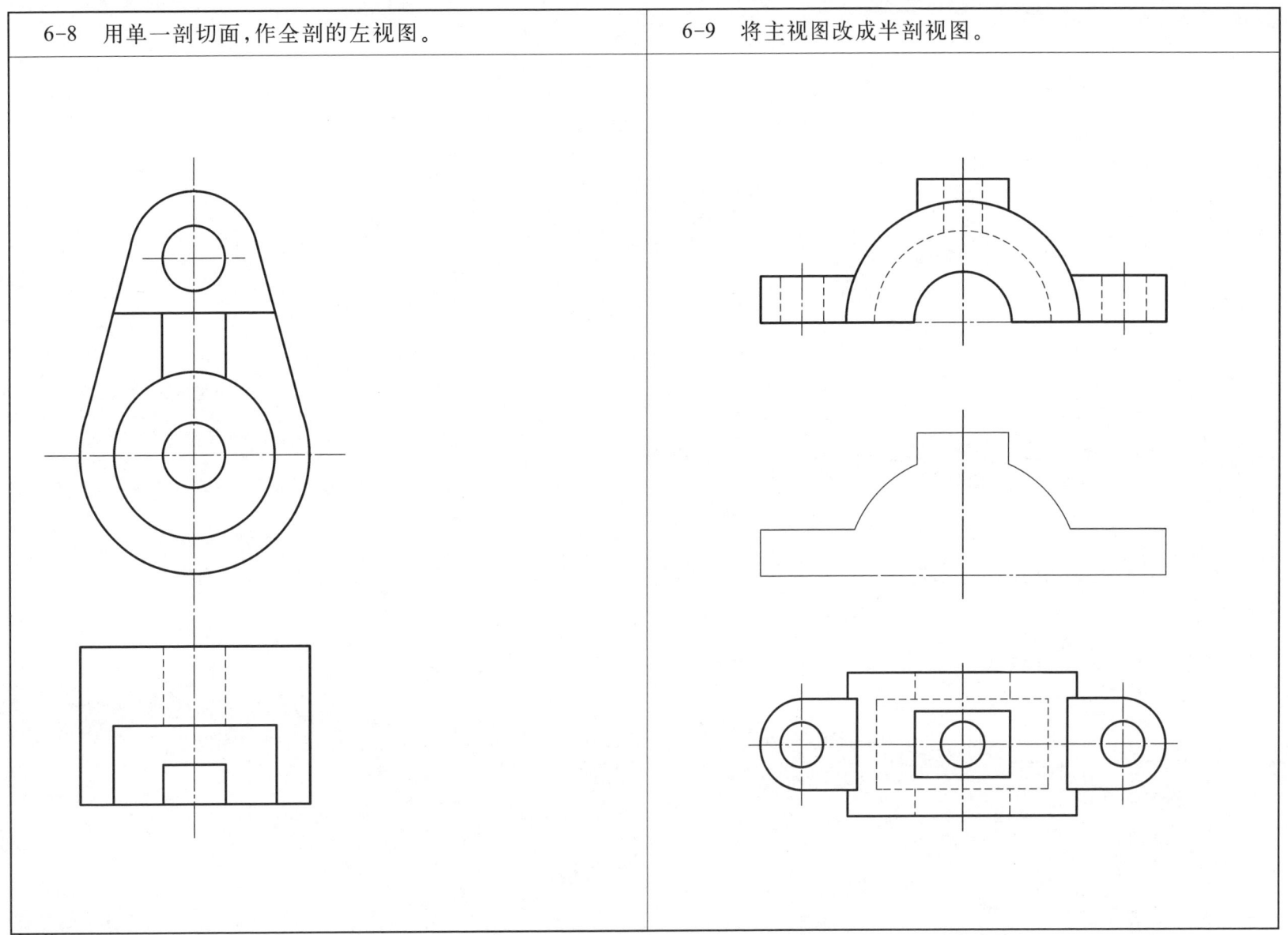

6-10 将主视图改为阶梯剖（画在主、俯视图之间的空白处）。

(1)

(2)

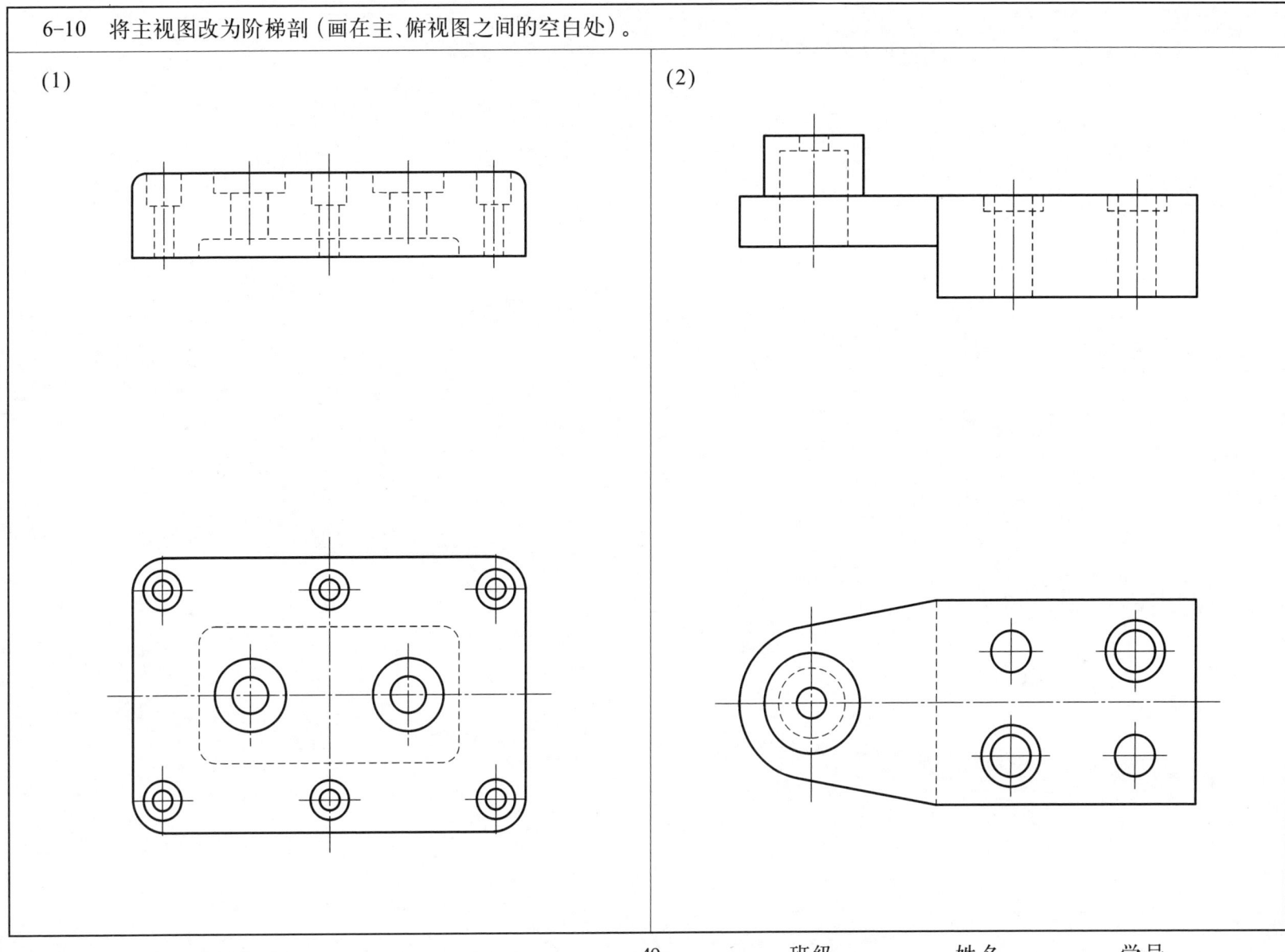

6-11 用斜剖方式,画出 A-A 斜剖视图。

(1)

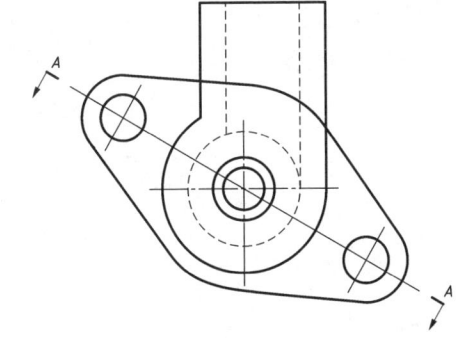

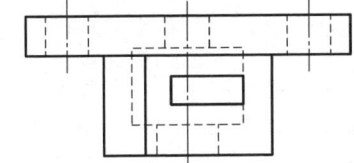

(2)

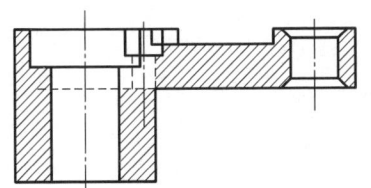

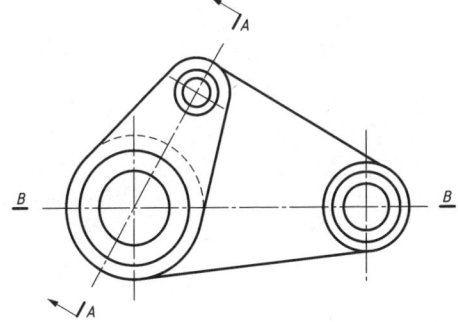

6-12 画出半剖的主视图。

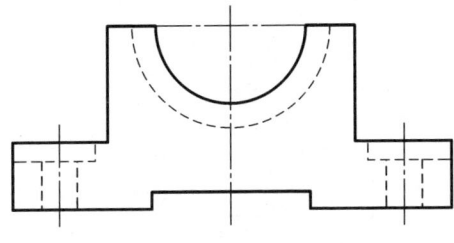

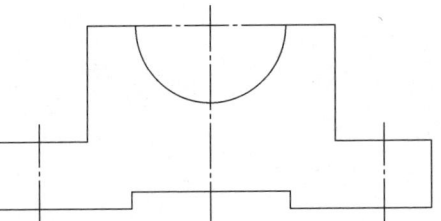

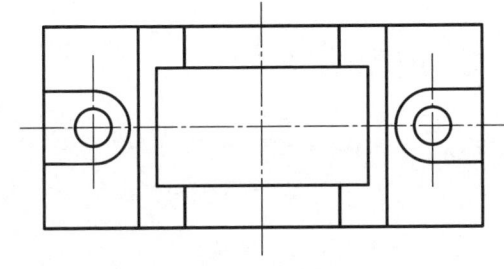

6-13 将主视图改为半剖视图,并补画全剖的左视图(画在中间空白处)。

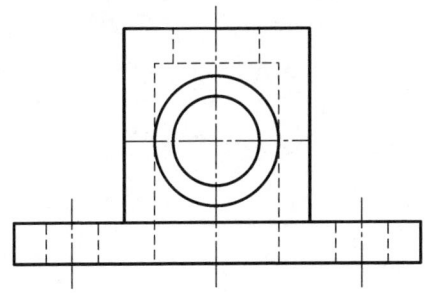

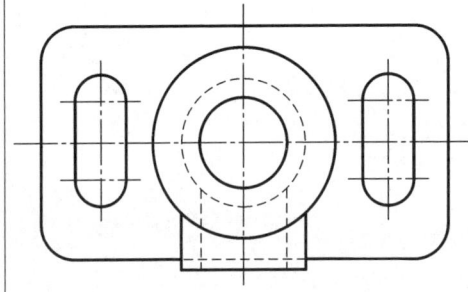

6-14 旋转剖练习。

(1) (2) (3) (4)

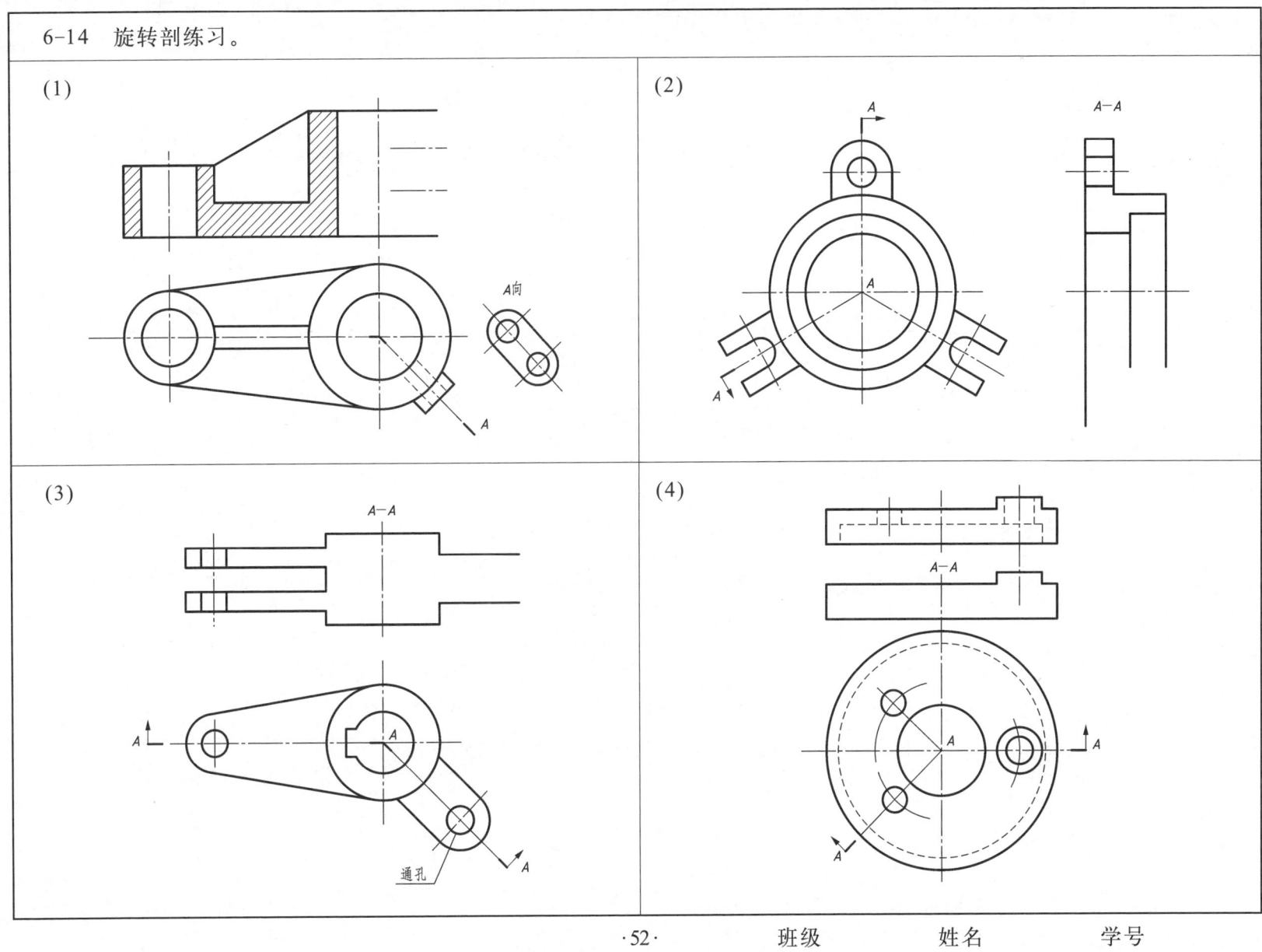

6-15 指出并改正下列局部视图中的错误。

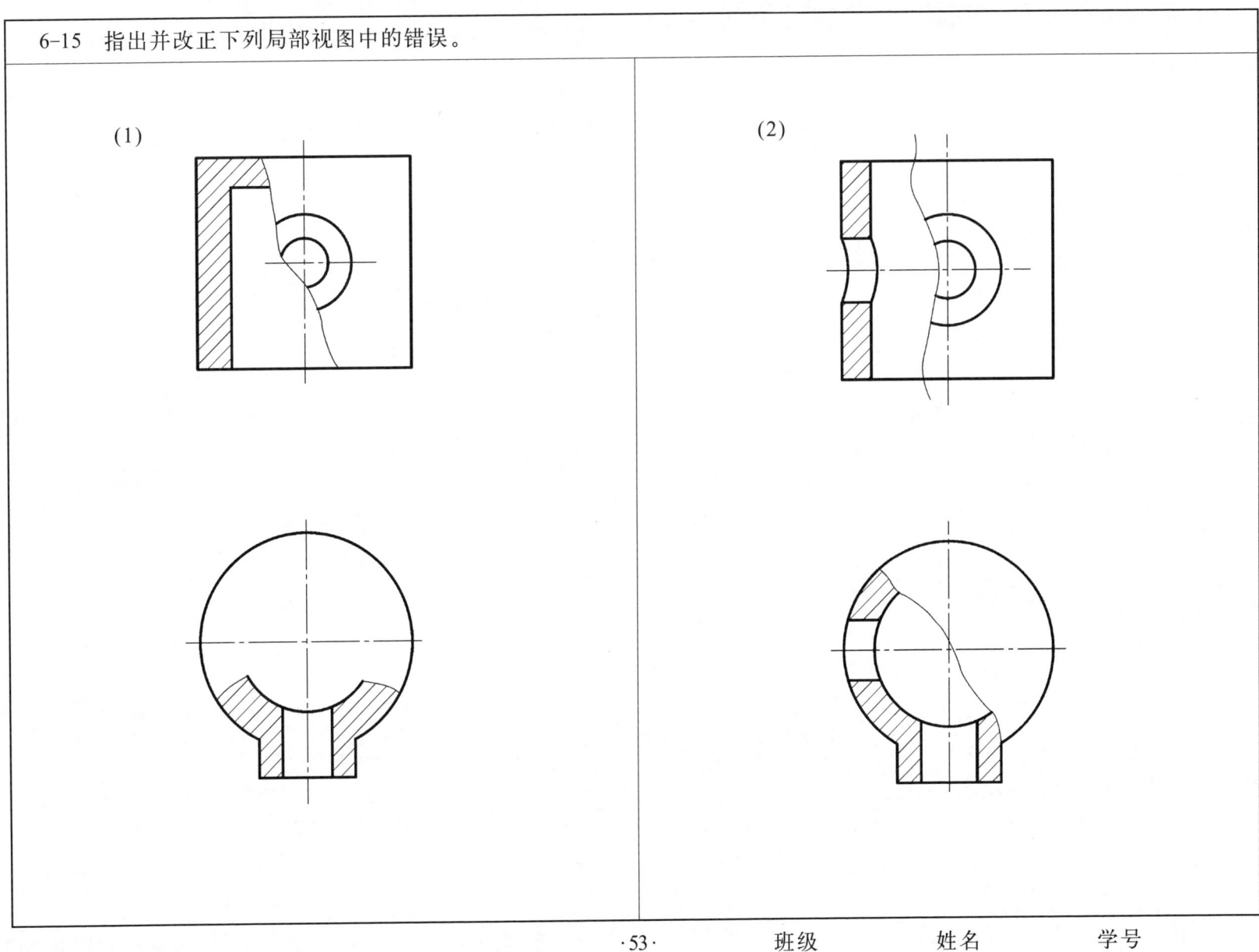

6-16 将主视图改为复合剖。

(1)

(2)

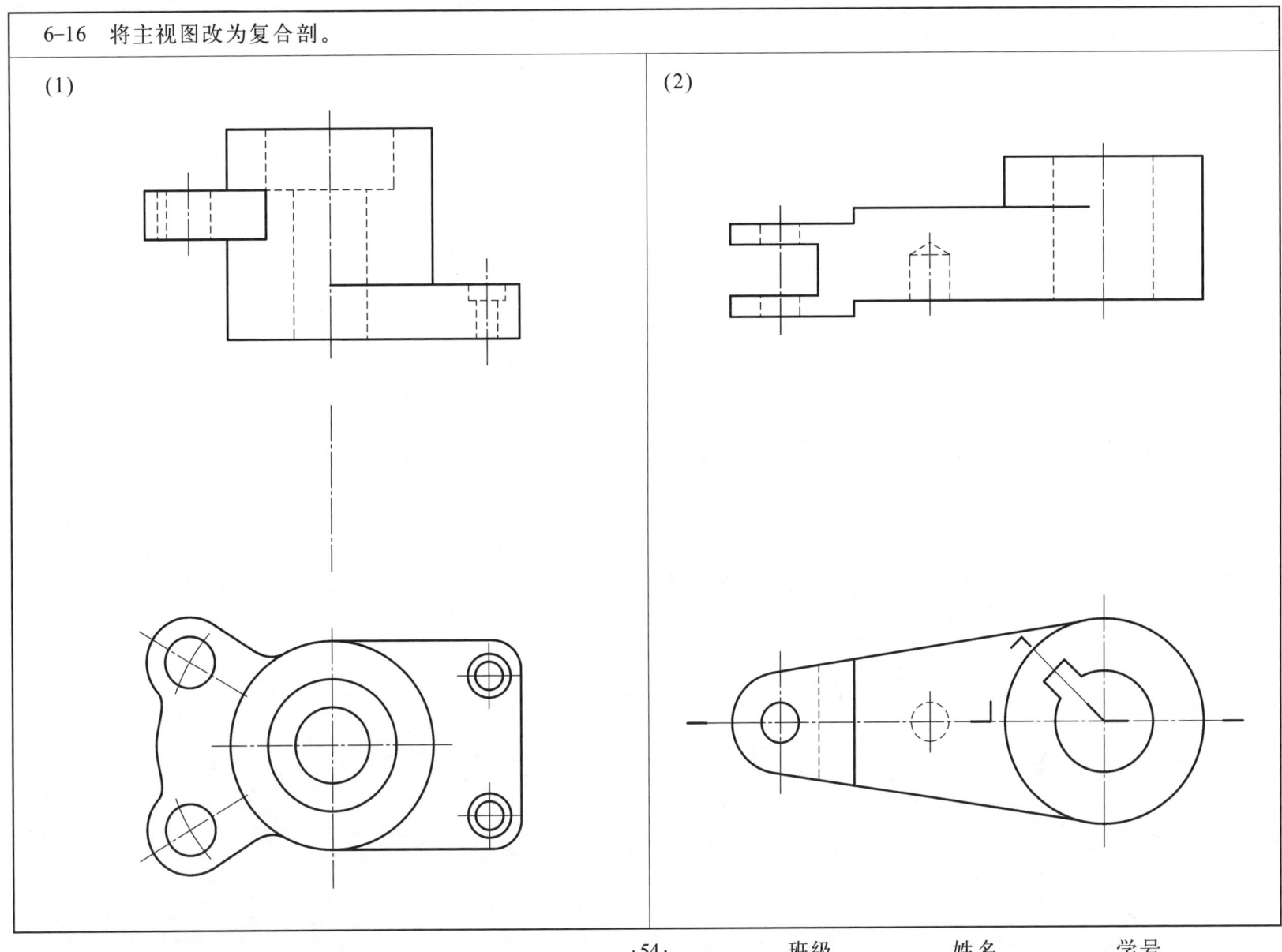

6-17 局部剖视图练习,将主视图和俯视图改为局部剖视图。

(1)

(2) 在右边空白位置画出正确的视图。

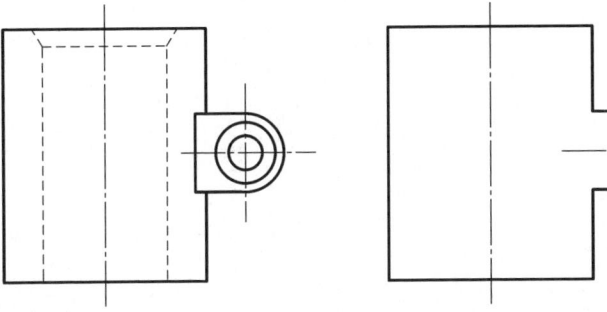

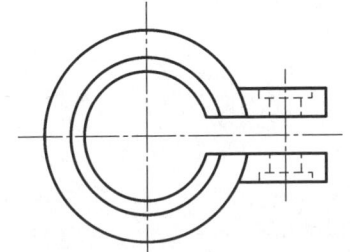 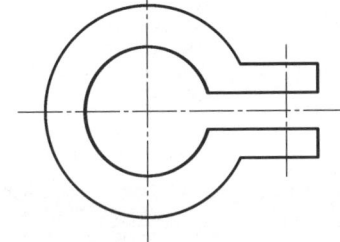

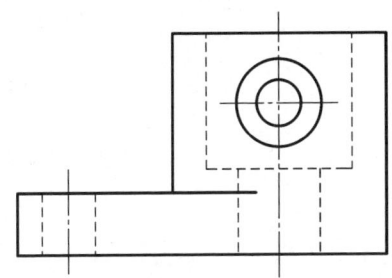

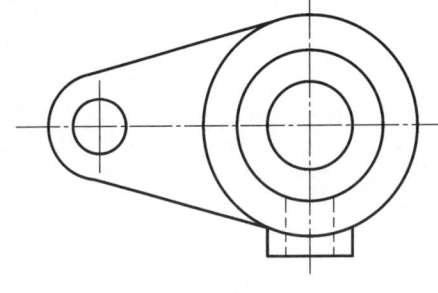

6-18 补画全剖的左视图。

6-19 将主视图改为全剖视图,并补画全剖的左视图。

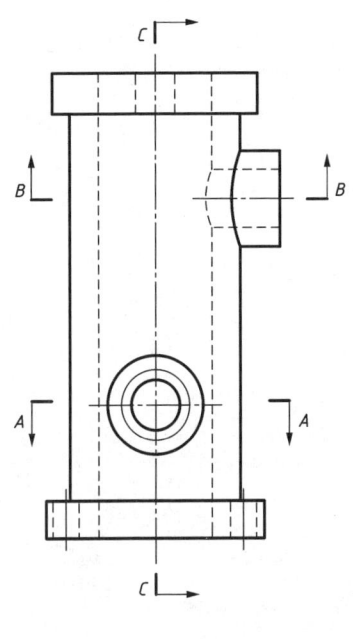

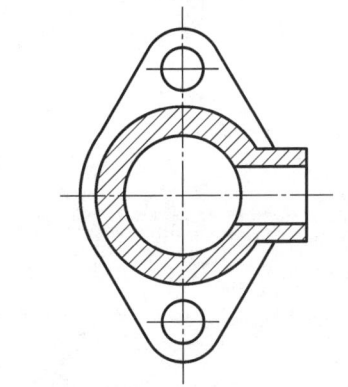

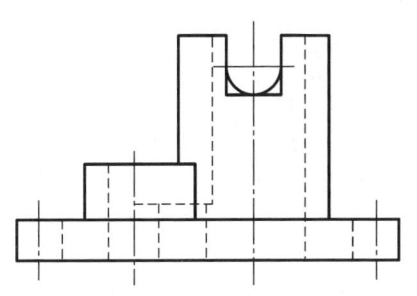

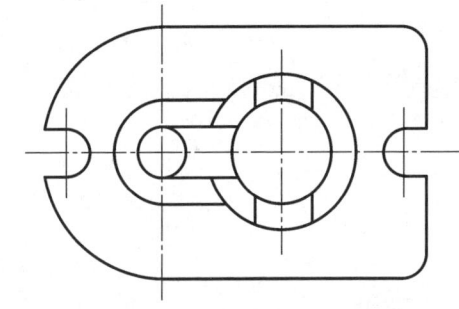

6-20 画出指定位置的断面图(左边键槽深5 mm,右边键槽深3 mm)。

A—A

6-21 画出指定位置的断面图。

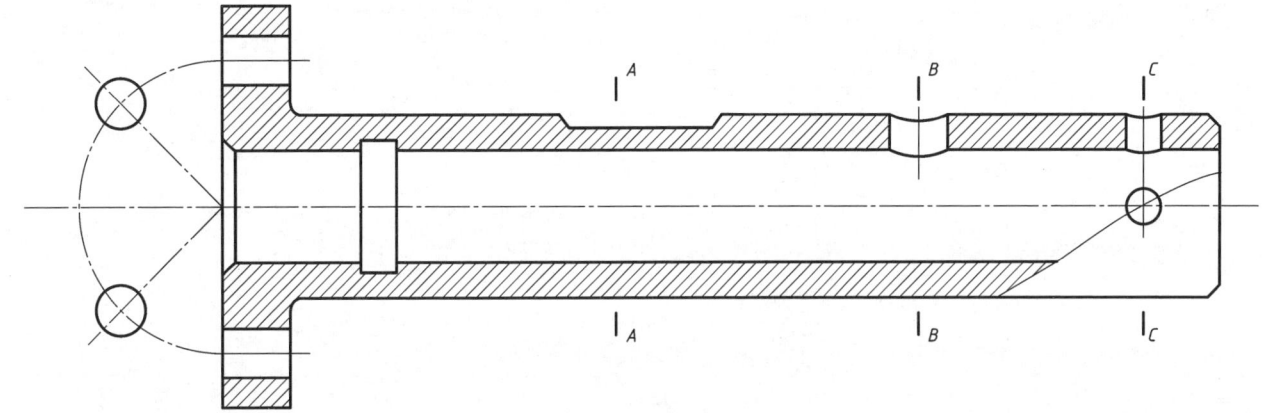

6-22 指出下列两图中的错误,并加以改正。

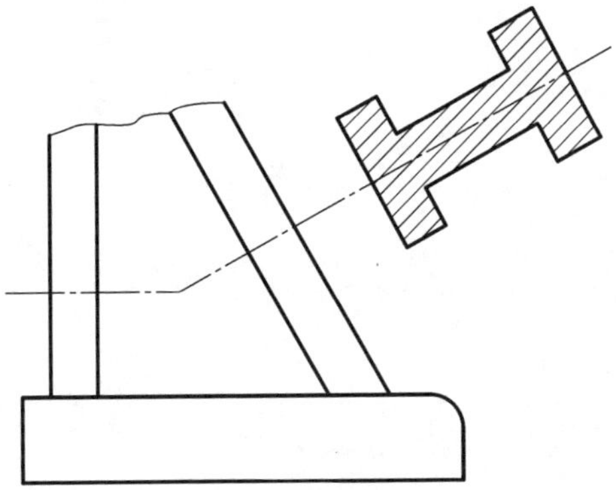

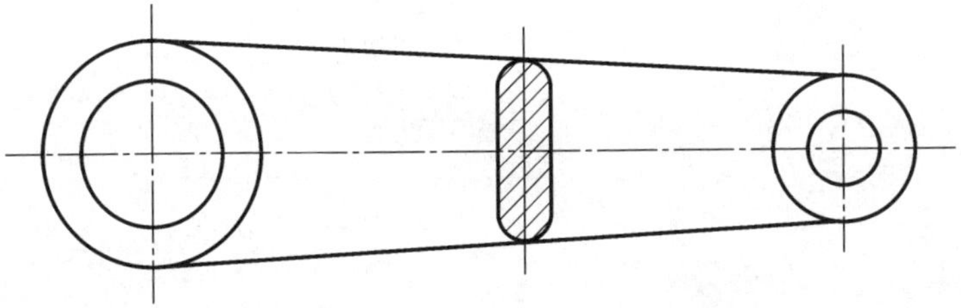

6-23 画出指定的断面图。

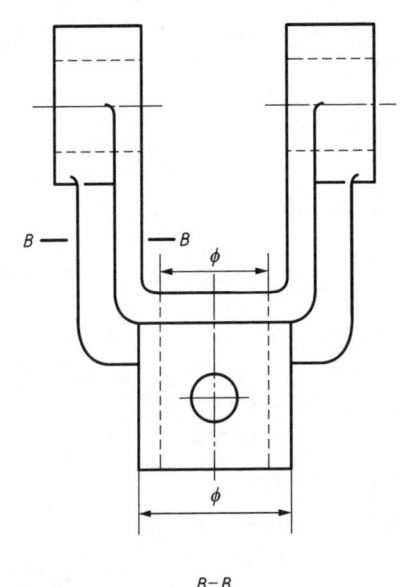

B—B

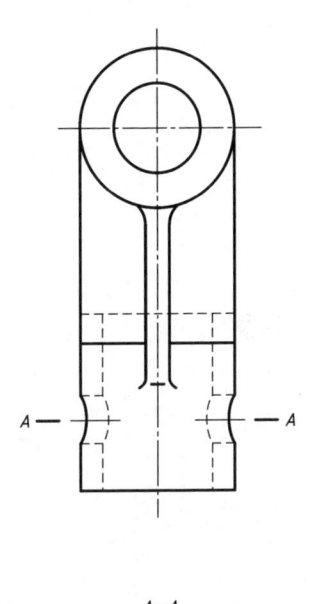

A—A

6-24 选择题。

(1) 下列四组剖视图中,正确的判断是(　　)。

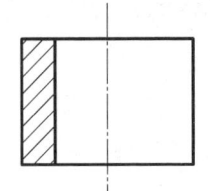
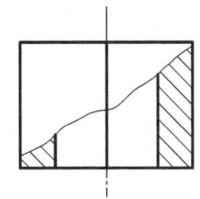
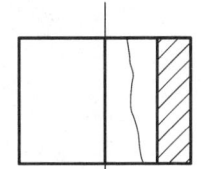
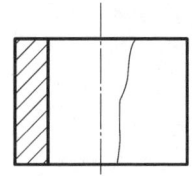

A. (a) 正确
B. (c) (d) 正确
C. 只有 (b) 正确
D. 四组图都正确

(a)　　(b)　　(c)　　(d)

(2) 下列四组重合断面图中,正确的是(　　)。

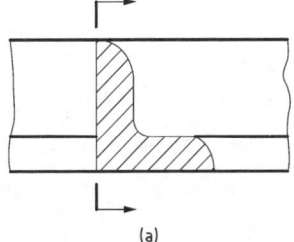
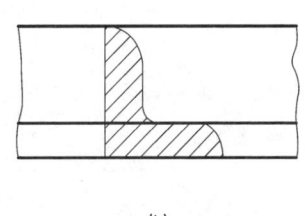
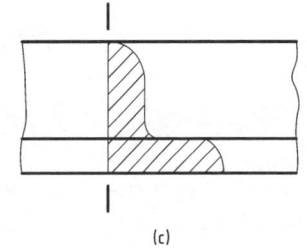
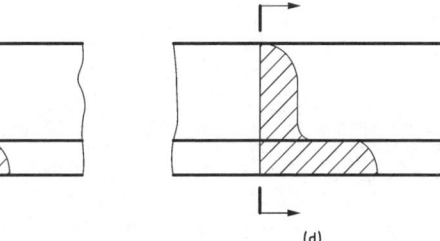

(a)　　(b)　　(c)　　(d)

6-25 按简化画法,将主视图画成全剖视图。

(1)

(2)

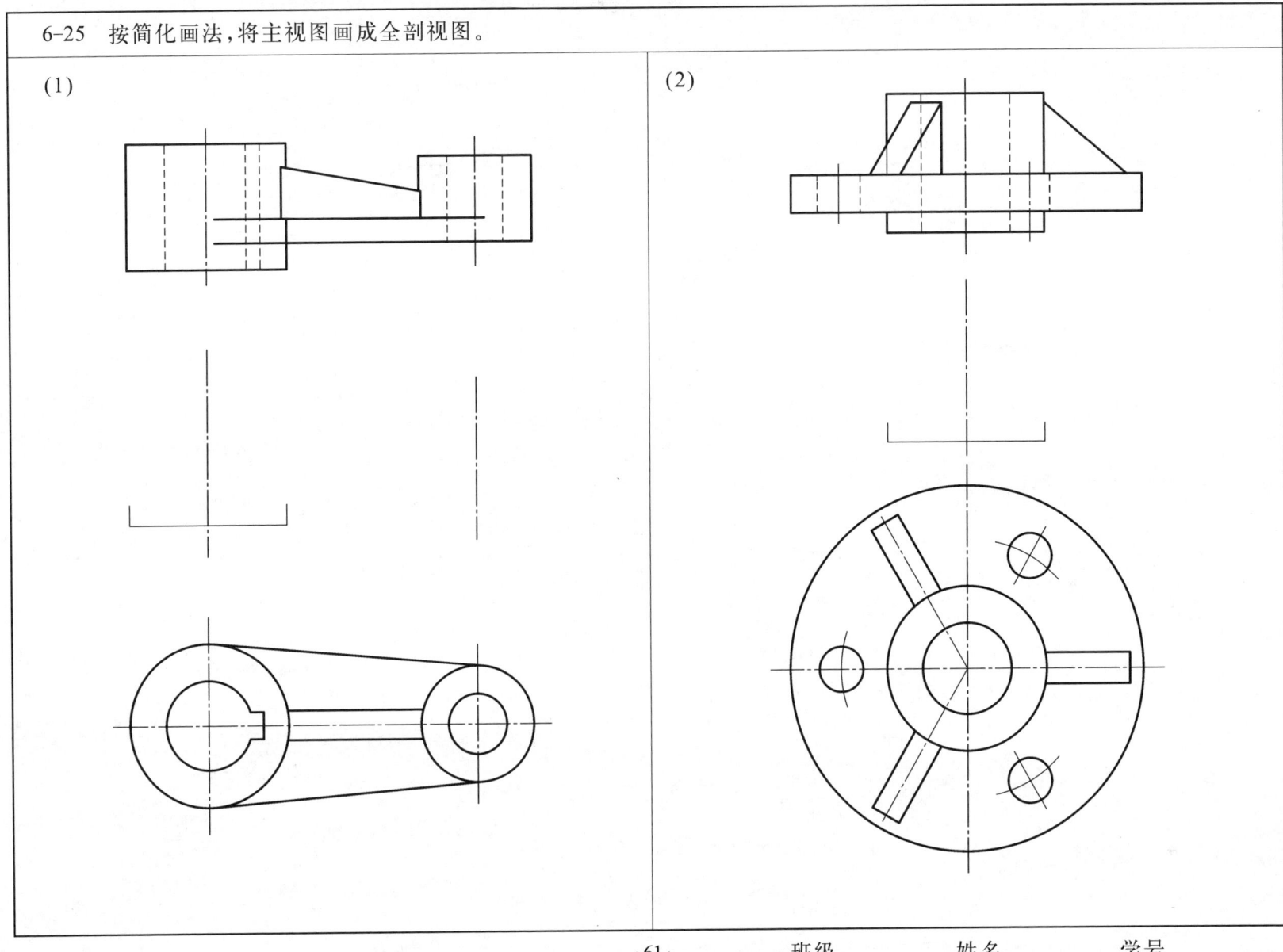

6-26 用A3图纸,选择适当的表达方法,表示以下机件,比例自定。(二选一)

(1)

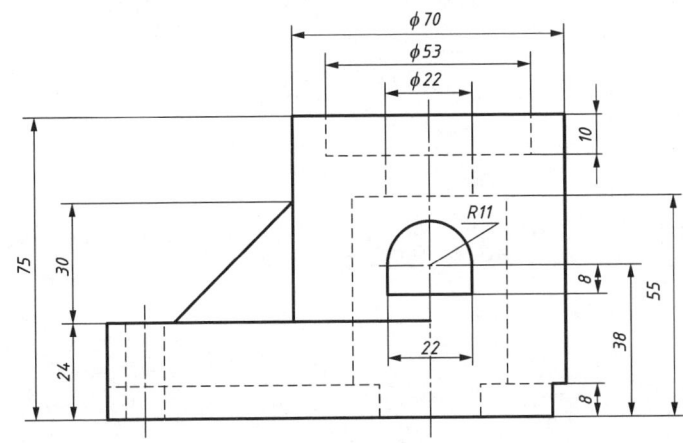

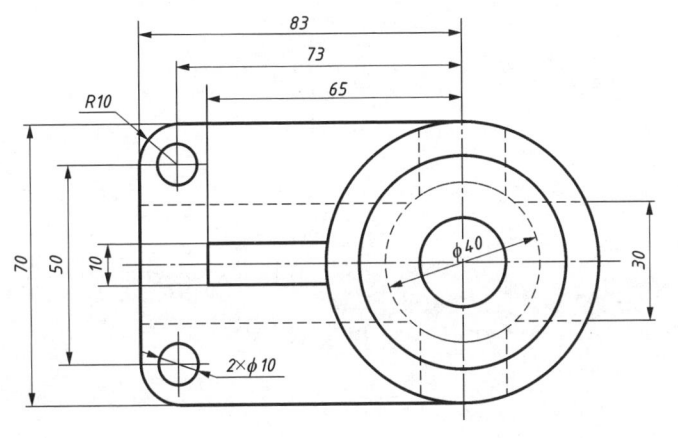

一、作业内容与要求

(1) 根据视图或轴测图选择合适的表达方法画机件图并标注尺寸。

(2) 要求机件的结构表达清楚、完整、简洁。

二、作业目的

(1) 训练选择机件表达方法的基本能力。

(2) 进一步理解剖视的概念,掌握剖视图的画法。

三、作业提示

(1) 对所给视图做形体分析,在此基础上选择表达方案。

(2) 根据选定的图幅和比例,合理布置视图的位置。

(3) 注意各部分投影关系的正确表达。

(4) 仔细校核后按规定加粗图线,剖面线、尺寸线一次画成,并标注尺寸。

班级　　姓名　　学号

(2)

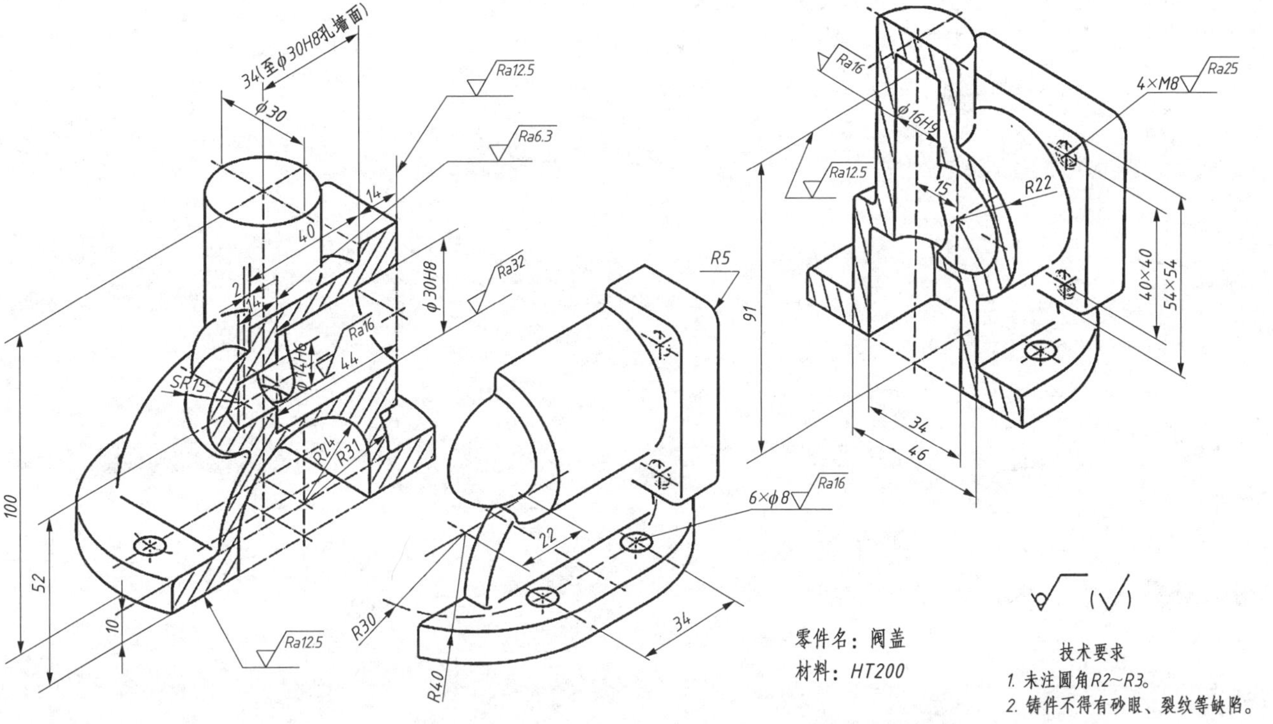
34(至φ30H8孔端面)
φ30
Ra12.5
Ra6.3
14
40
2
14
φ30H8
Ra32
Ra16
44
φ14H6
SR15
R24
R31
100
52
10
Ra12.5
R5
22
6×φ8 Ra16
R30
R40
34
Ra16
φ16H9
Ra12.5
15
R22
4×M8 Ra25
91
40×40
54×54
34
46
零件名：阀盖
材料：HT200
技术要求
1. 未注圆角R2~R3。
2. 铸件不得有砂眼、裂纹等缺陷。

第7章 标准件和常用件

7-1 找出下列螺纹及螺纹连接中的错误,并在下方指定位置画出正确的图。

(1) 外螺纹

(2) 内螺纹

(3) 内外螺纹连接

(4) 内外螺纹连接

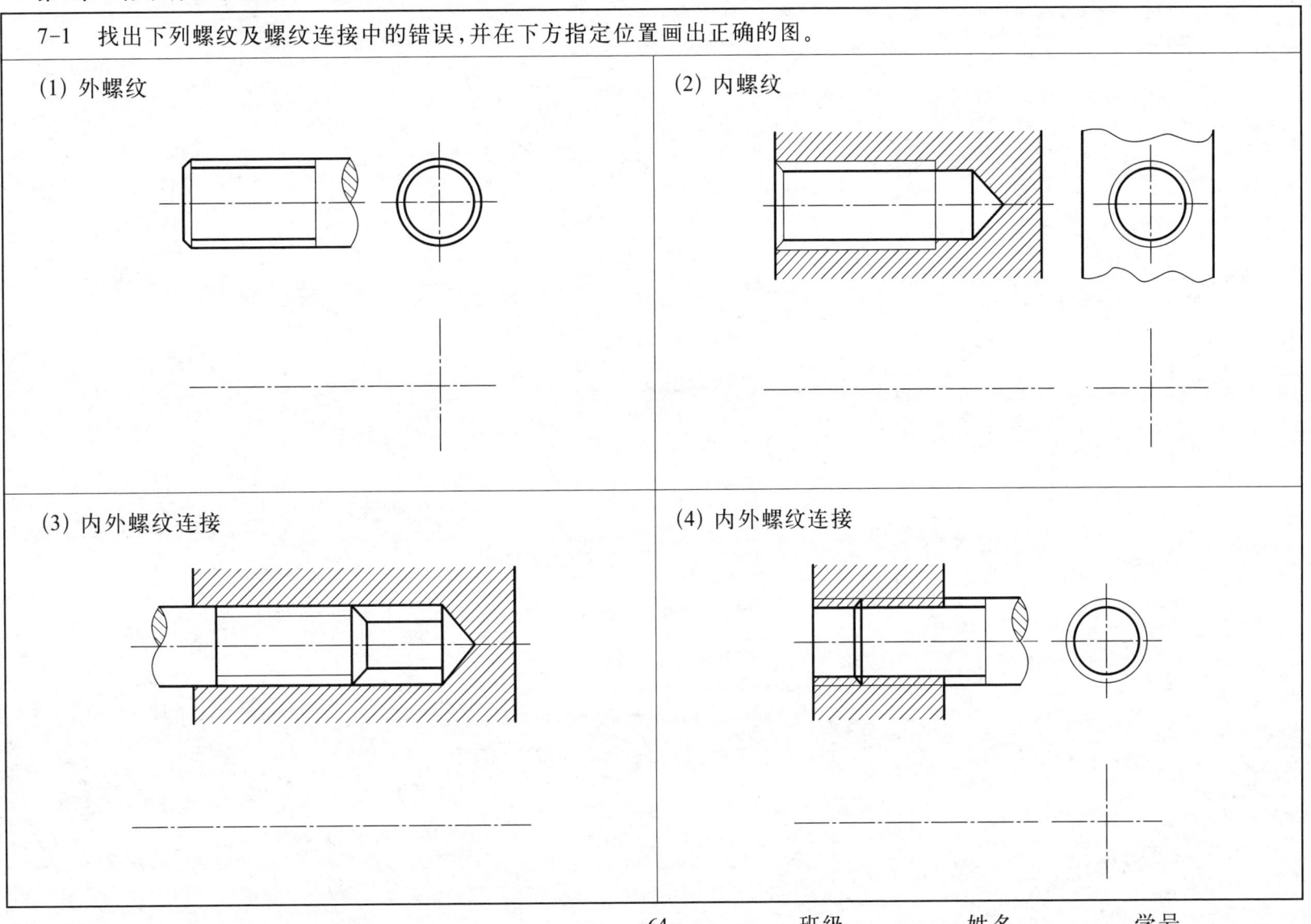

7-2 按规定画法绘制螺纹的主、左视图。

(1) 大径为 M20 的外螺纹，杆长 40 mm，螺纹长 30 mm，倒角 C2。

(2) 大径为 M20 的内螺纹，钻孔深度 40 mm，螺纹深度 30 mm，倒角 C2。

(3) 将上述内、外螺纹旋合，旋入长度为 20 mm，画出螺纹连接的主视图。

7-3 查表确定下列紧固件尺寸,并写出规定标注。

(1) 六角头螺栓——A和B级

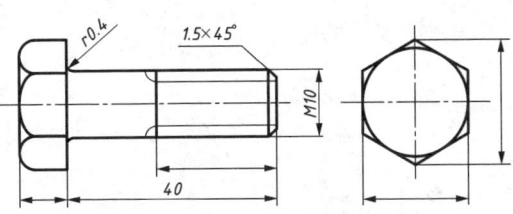

规定标记＿＿＿＿

(2) 双头螺柱

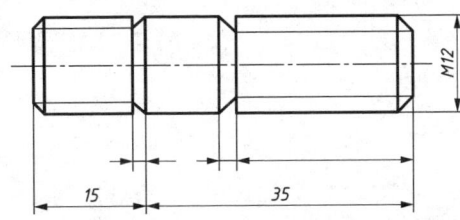

规定标记＿＿＿＿

(3) I型六角螺母——C级

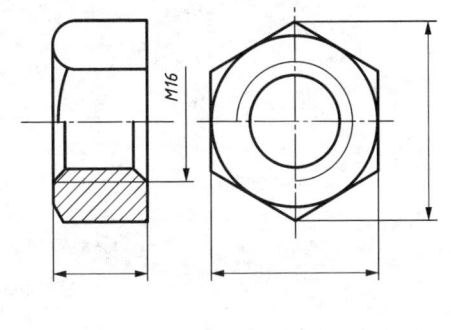

规定标记＿＿＿＿

(4) 开槽盘头螺钉

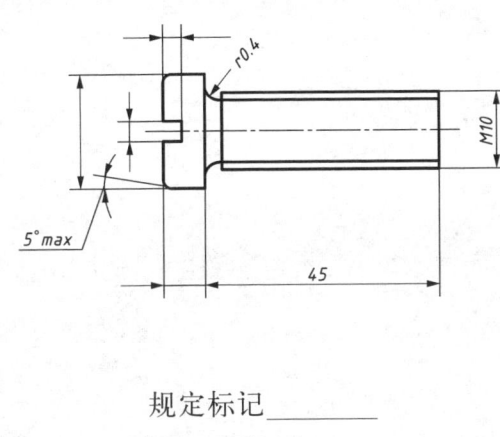

规定标记＿＿＿＿

(5) 标准型弹簧垫圈（公称直径为20 mm）

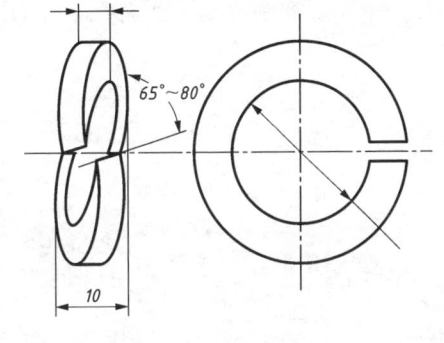

规定标记＿＿＿＿

(6) 圆柱销（公称直径为12 mm，长度 $L = 50$）

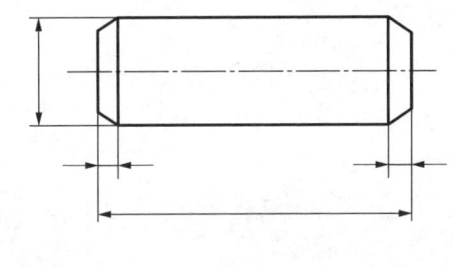

规定标记＿＿＿＿

7-4 解释螺纹标记的意义。

螺 纹 标 记	螺纹种类	螺纹大径	螺距	导程	线数	旋向	中顶径公差带代号	旋合长度代号
M20-5H-S-LH								
M16×1.5-5g6g								
B40×14(P7)LH-8H-L								
Tr32×6LH								

7-5 分析螺栓连接图中的错误,并在右边画出正确的视图。

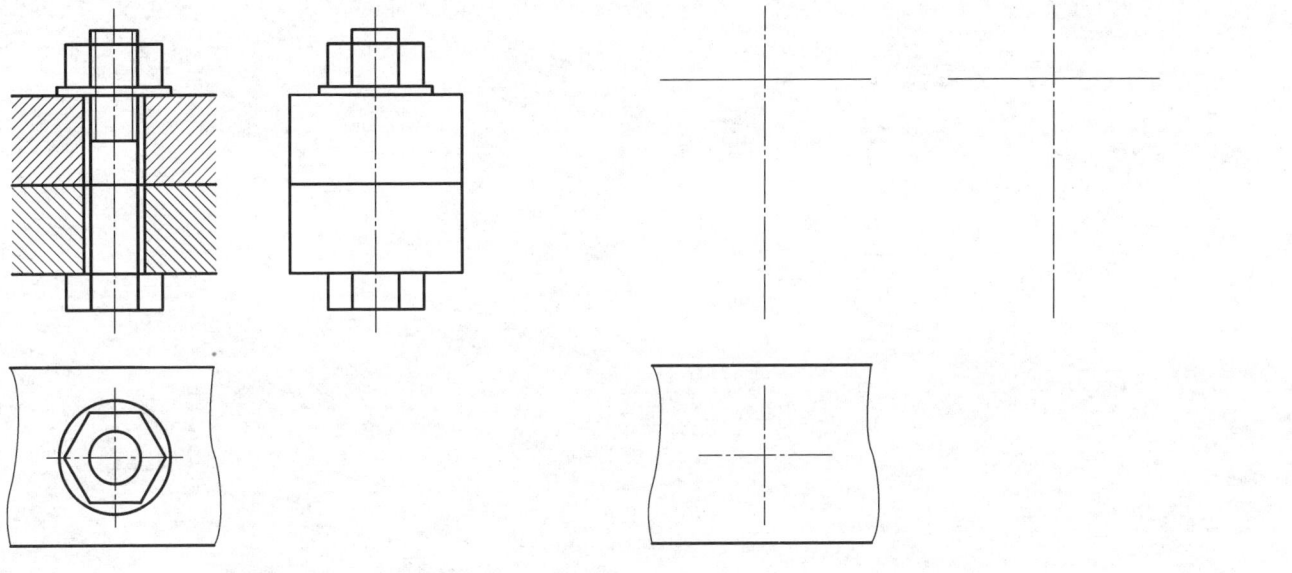

7-6 已知双头螺柱连接中，较薄被连接件厚度 t=25 mm，较厚被连接件材料为铸铁；螺柱 GB/T 898 M16×L（L 根据计算值查表，取标准值）；螺母 GB/T 6170 M16；垫圈 GB/T 93 16。用简化画法，画出双头螺柱连接的主、俯视图，其中主视图画成全剖视图。

7-7 分析螺钉连接视图中的错误，并将正确的视图画在右边。

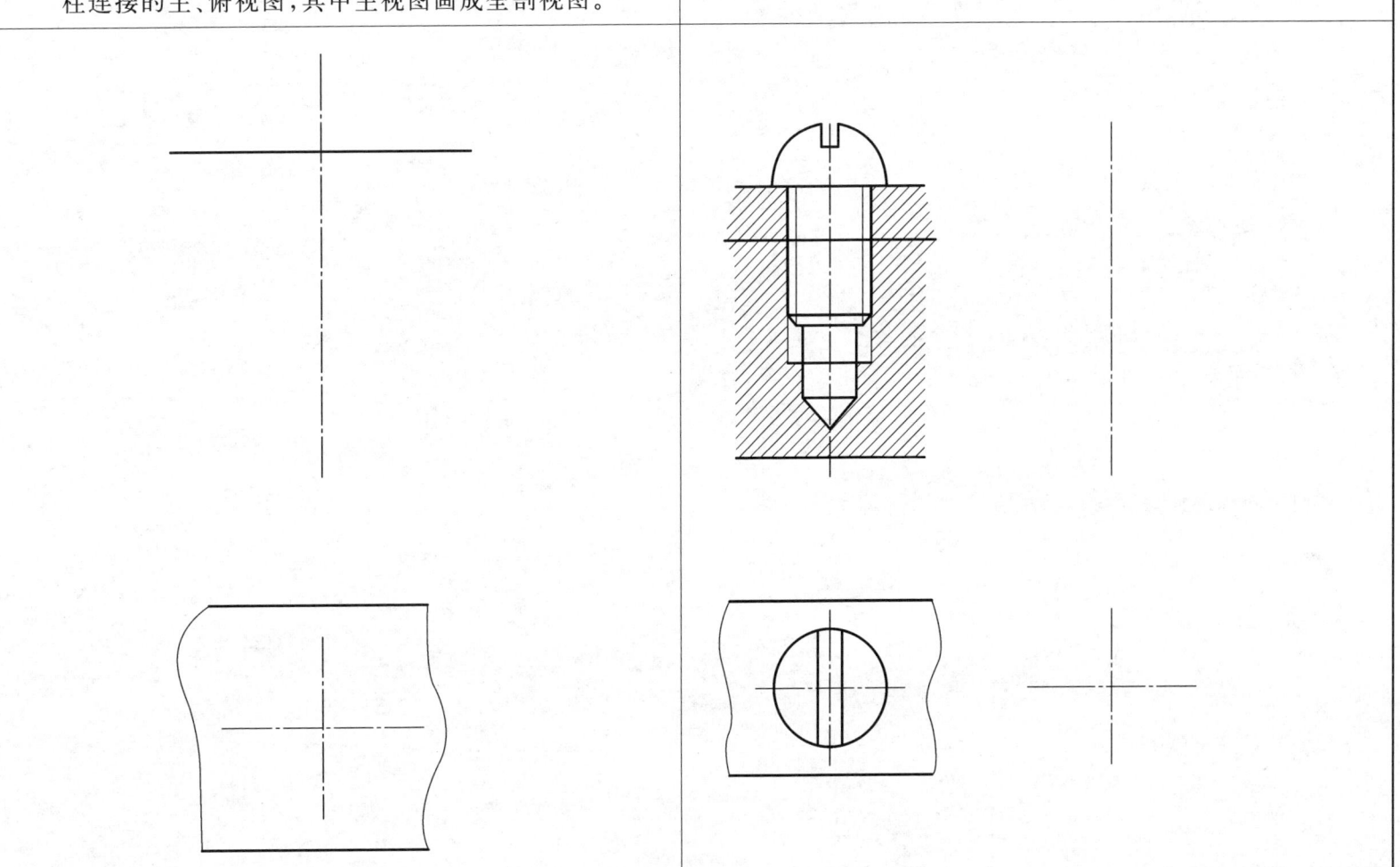

7-8 看图完成如下要求（按1:1作图）。

(1) 在①局部视图位置补全齿轮轴中的轮齿部分图线，并标注齿顶圆、分度圆和齿根圆尺寸（齿轮模数 $m=2$，齿数 $z=30$）。
(2) 在②处绘制 A-A 移出断面图，并查表标注键槽尺寸。

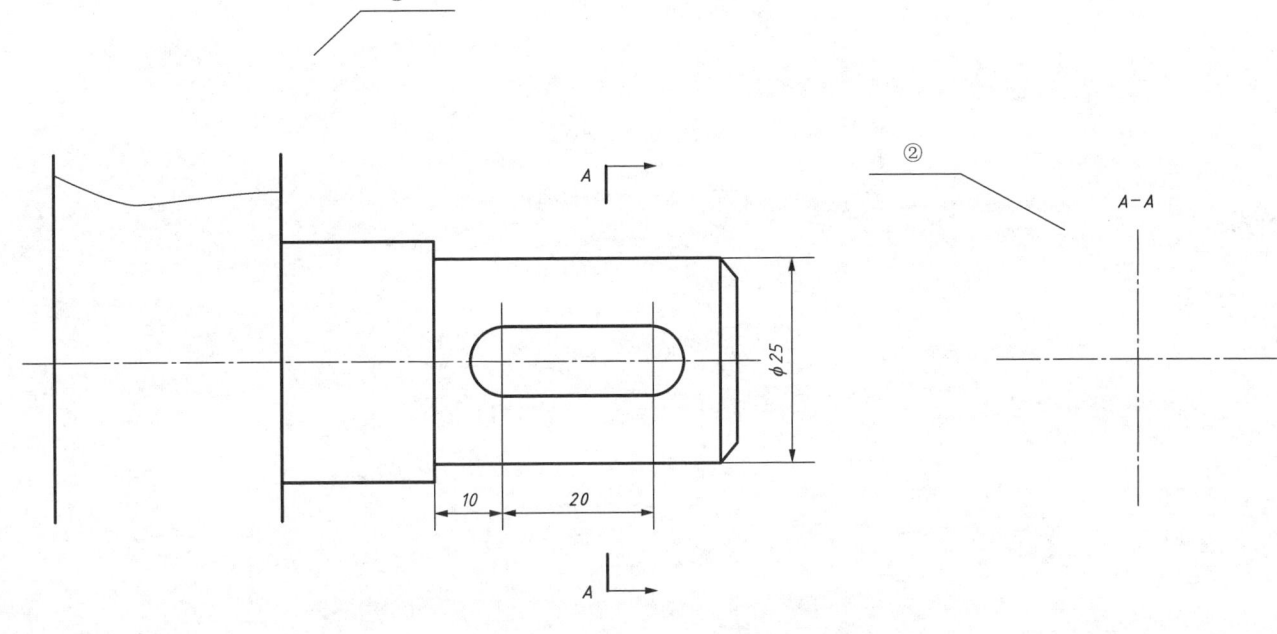

7-9 已知直齿圆柱齿轮模数 $m=3$,小齿数 $z_1=14$,中心距 $a=60$ mm,求两个齿轮的分度圆、齿顶圆和齿根圆直径,并补画主、左视图中漏画的轮齿部分图线,完成齿轮啮合的两视图。

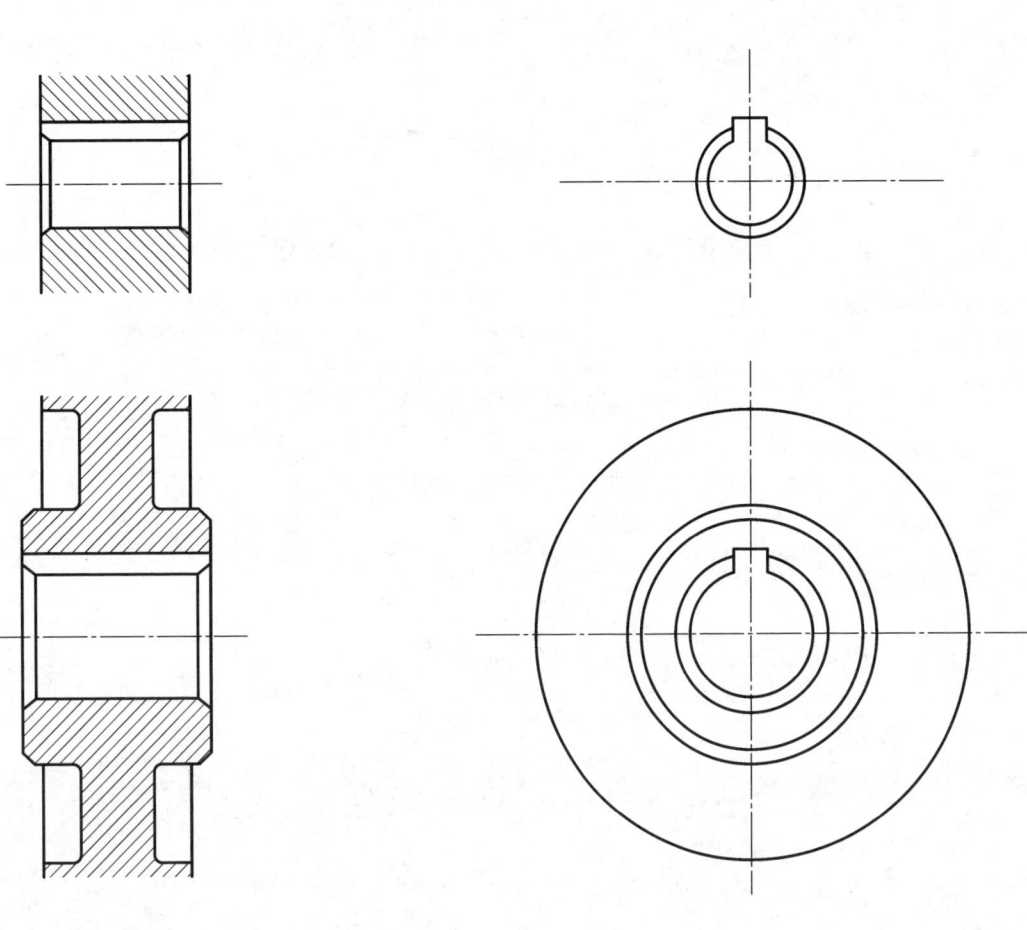

7-10 单个锥齿轮画法。

(1) 已知锥齿轮的模数 $m=4$，齿数 $=20$，计算轮齿部分的尺寸，并按规定完成锥齿轮的两个视图。

(2) 已知一对啮合的直齿锥齿轮，其模数 $m=3$，齿数 $z_1=20$，$z_2=30$，两轴夹角 $90°$，计算轮齿各部分的有关尺寸，并按规定画法补画下列啮合锥齿轮图。

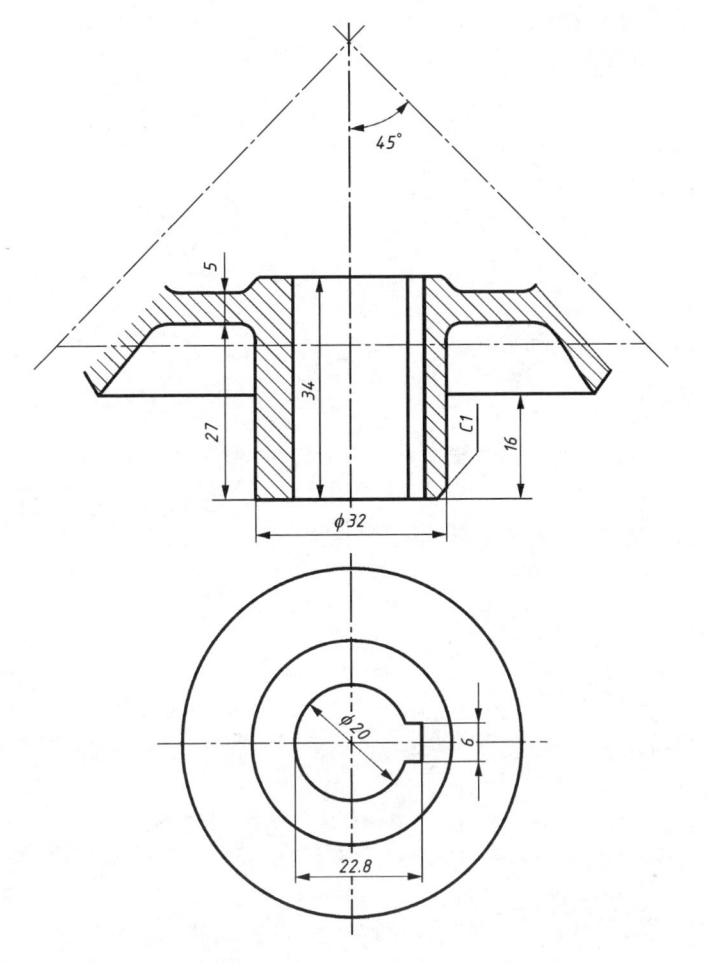

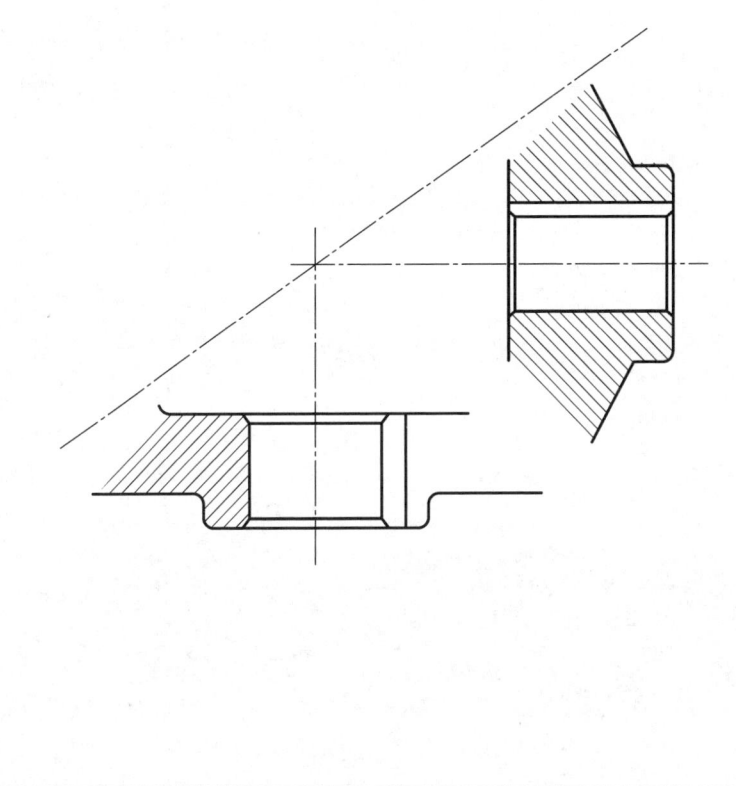

7-11 (1) 已知齿轮和轴用A型普通平键连接,轴孔直径为20 mm,键长为20 mm。查表确定键的尺寸后完成下面两图。

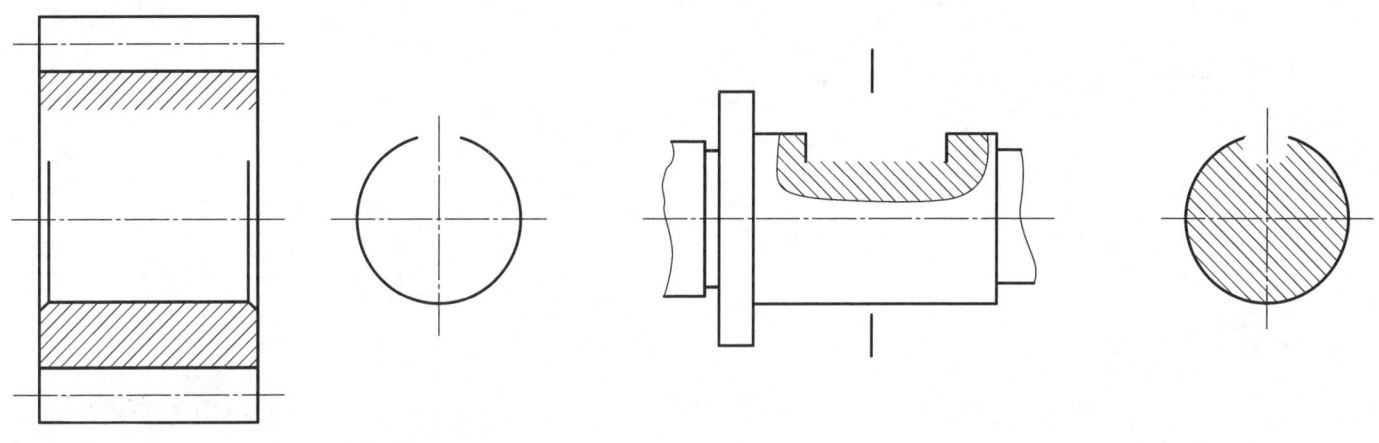

(2) 根据(1)图中键的尺寸,完成键连接的图,并写出键的标记。

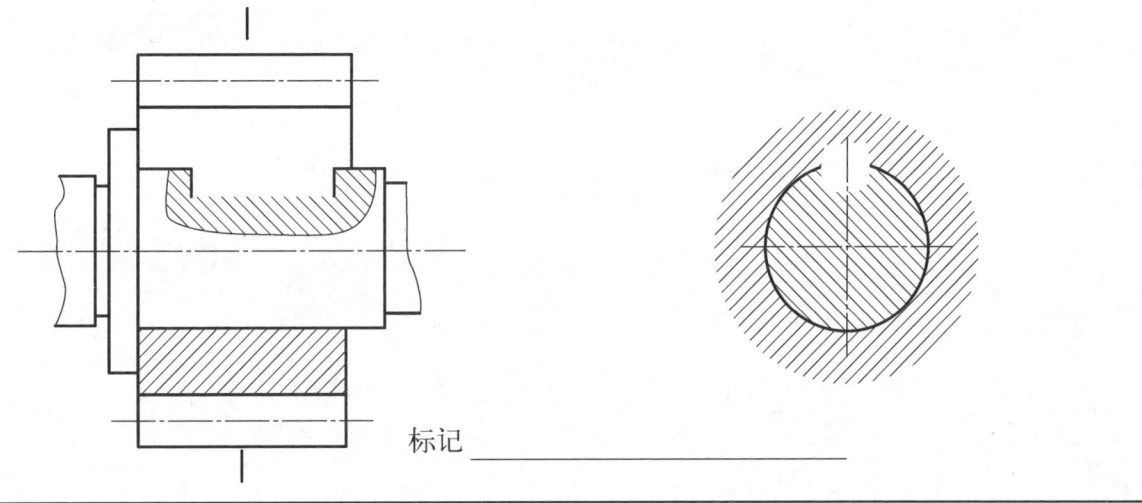

标记_____

7-12 已知圆柱螺旋压缩弹簧的簧丝直径 $d=5$ mm，弹簧外径 $D=30$ mm，节距 $t=10$ mm，有效圈数 $n=7$，支撑圈数 $n_2=2.5$，右旋，用 1:1 的比例画出弹簧的全剖视图。

7-13 选用公称直径 $d=6$ mm，适当长度的 A 型圆锥销（GB/T 117—2000），补画连接图，并写出销的标记。

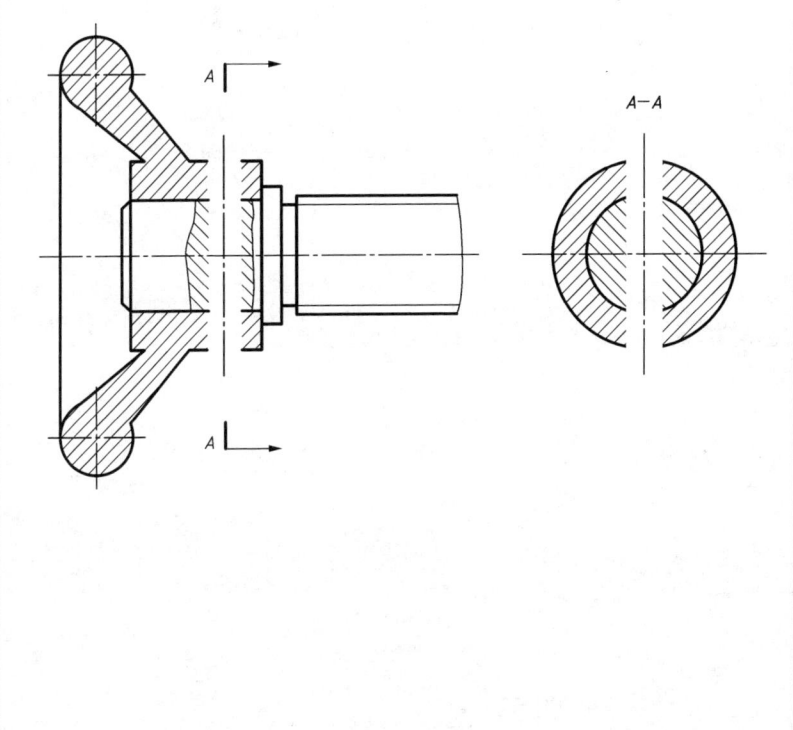

7-14 已知轴用滚动轴承支撑,两支撑段处的直径分别为25 mm和15 mm,用规定画法画出滚动轴承的另一侧。

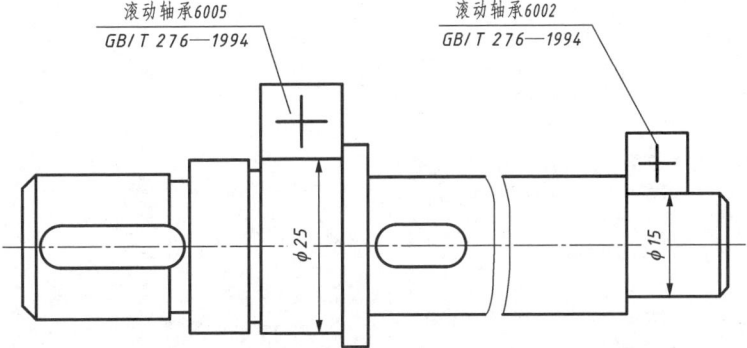

7-15 综合练习。根据标准件及常用件的规定画法，指出左装配图中的错误画法，把正确的画在右图中。

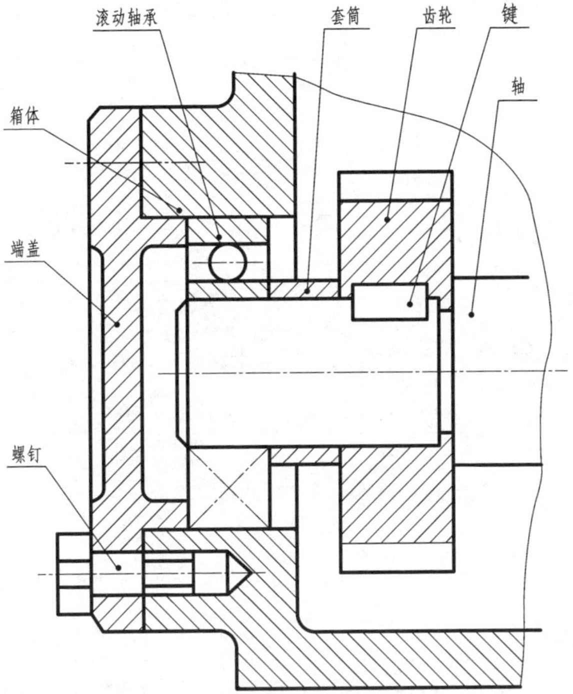

标注：箱体、滚动轴承、套筒、齿轮、键、轴、端盖、螺钉

错误的 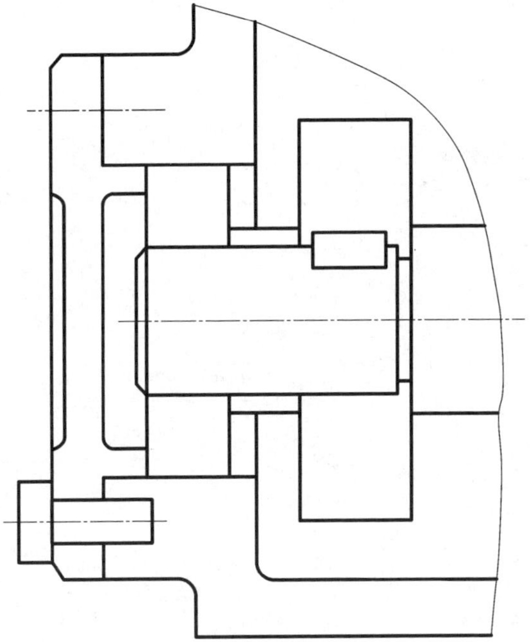　　　　　　　　　正确的

班级　　姓名　　学号

第8章 零件图

8-1 根据装配图中的配合尺寸完成标注要求，并回答以下问题：

(1) 在各零件上注出相应的公称尺寸和公差带代号；

(2) 轴和套的配合采用了基_____制，是_____配合；

(3) 套和座体的配合采用了基_____制，是_____配合。

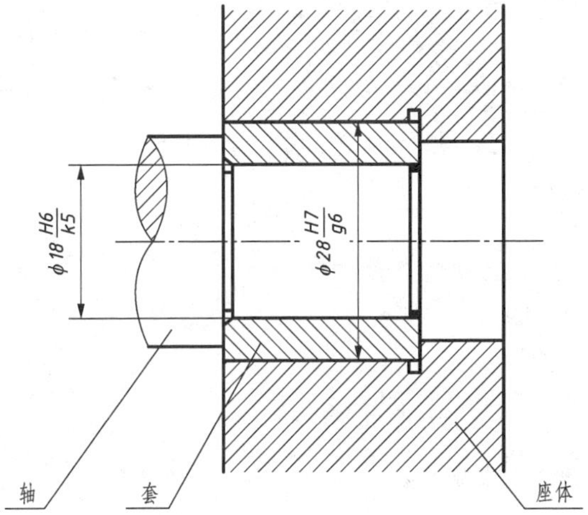

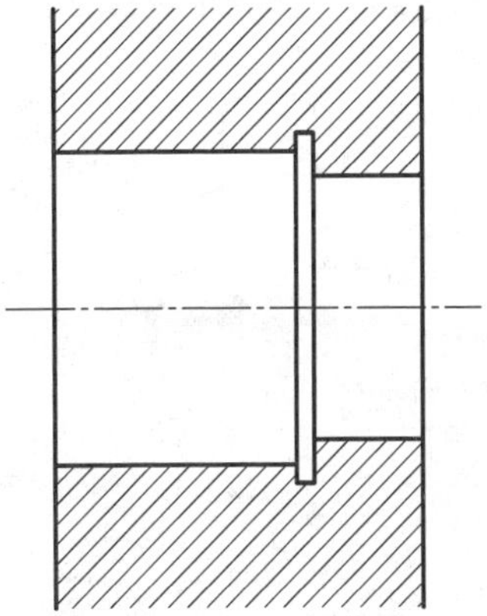

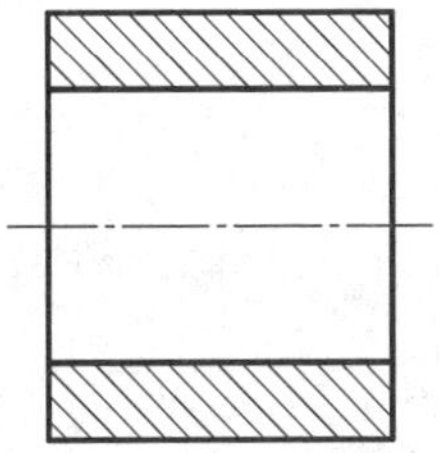

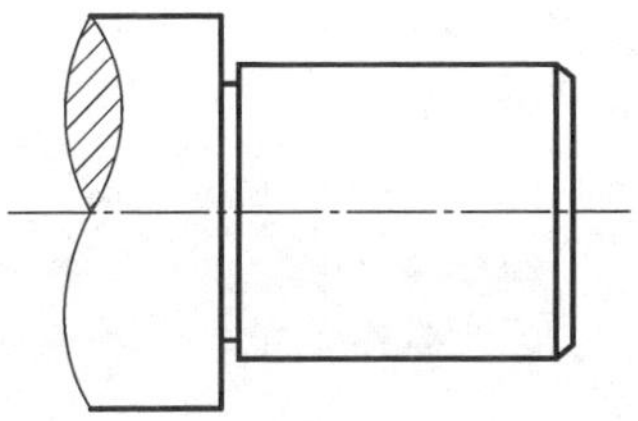

8-2 根据装配图中的配合尺寸,在各零件上注出相应的公称尺寸和极限偏差数值(需查表确定)。

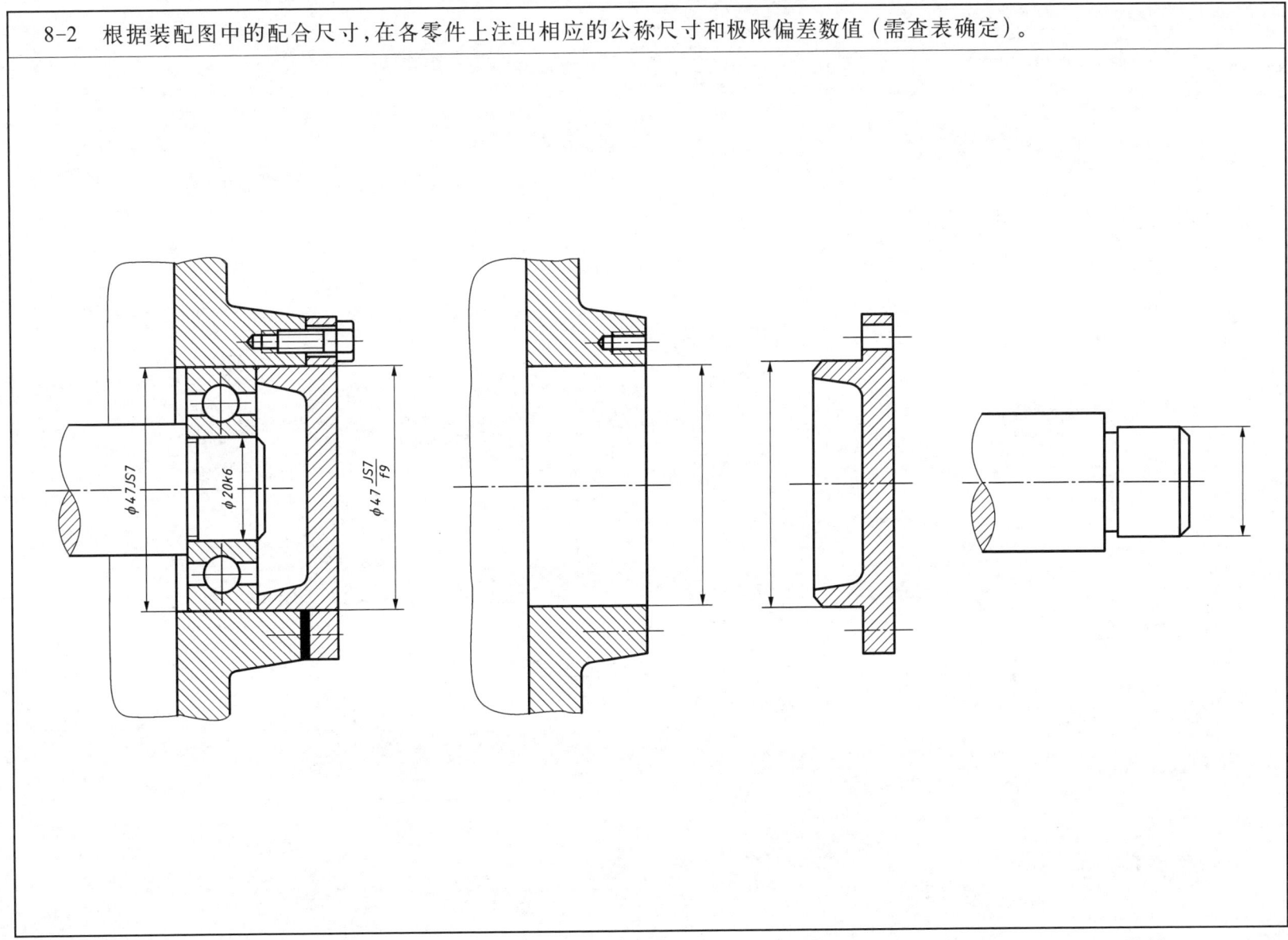

8-3 圈出图样中标注错误的几何公差,并在右图中作出正确的标注(公差项目保持不变)。

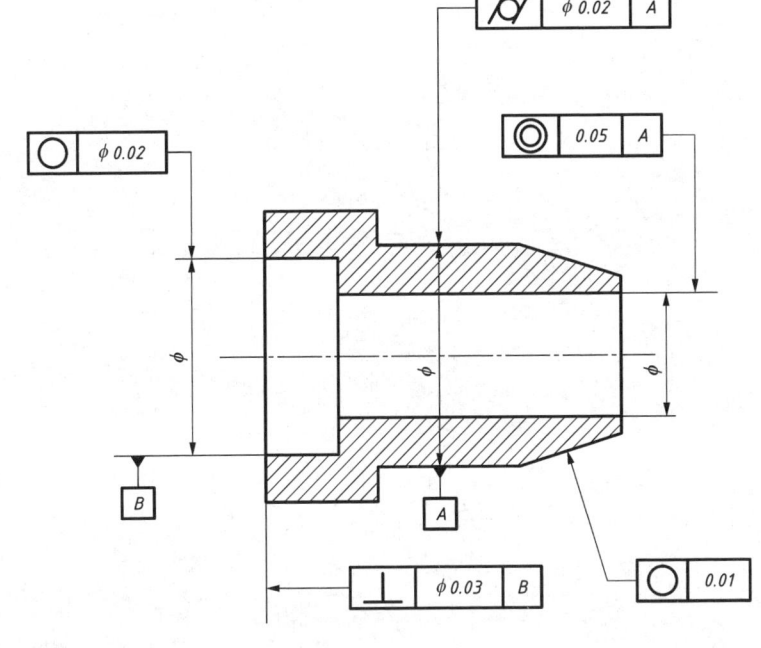
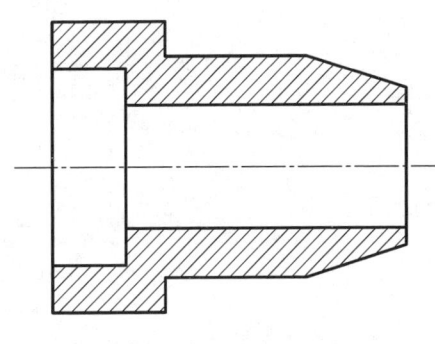

8-4 按下面说明,将零件图中的几何公差和表面粗糙度要求用代号标注在图样上。

(1) 基准 A 为 $\phi 80$ 内孔的轴线;
(2) $\phi 134$ 右端面对基准 A 的端面圆跳动公差为 0.03;
(3) $\phi 120$ 圆柱表面对基准 A 的同轴度公差为 $\phi 0.02$;
(4) 两键槽对基准 A 的对称度公差为 0.1;
(5) $\phi 150$ 圆柱表面粗糙度为 $Ra3.2\ \mu m$;
(6) $\phi 120$ 圆柱表面粗糙度为 $Ra1.6\ \mu m$;
(7) $\phi 80$ 内孔表面粗糙度为 $Ra3.2\ \mu m$;
(8) 键槽工作表面粗糙度为 $Ra3.2\ \mu m$;
(9) 其余表面粗糙度为 $Ra12.5\ \mu m$;
(10) 以上表面粗糙度要求皆为去除材料获得。

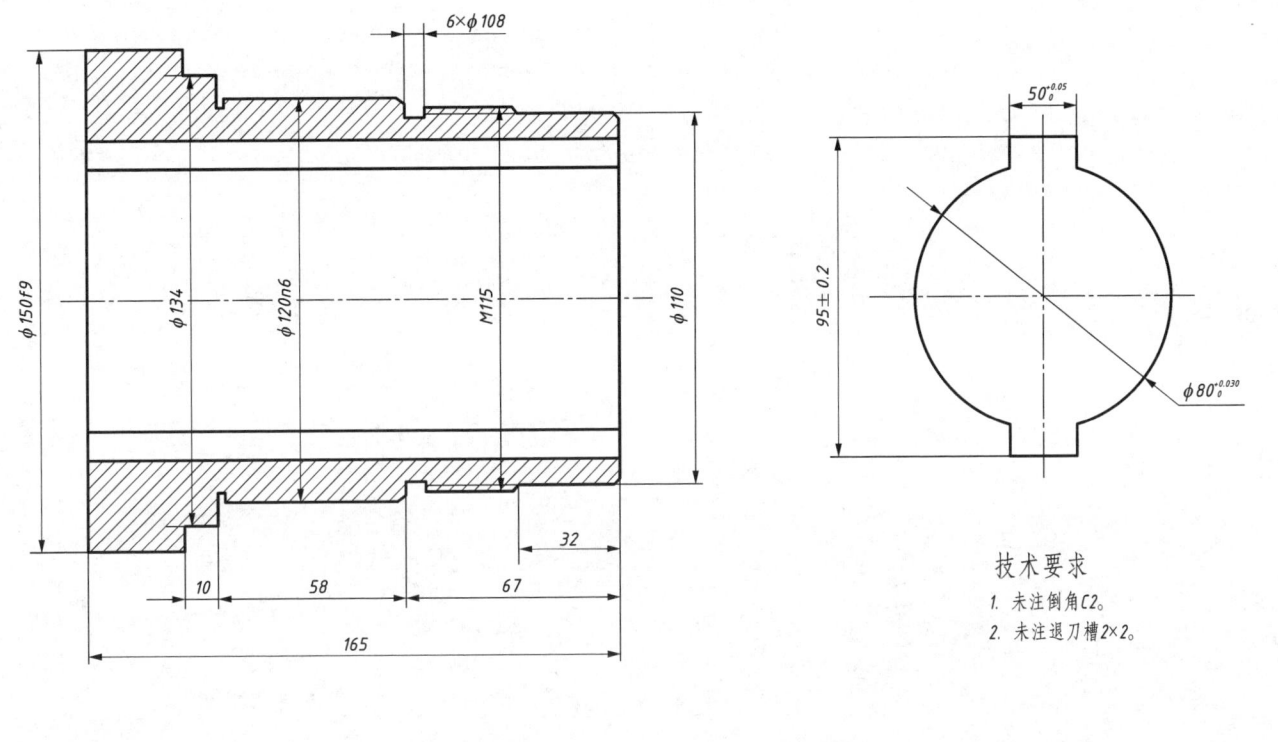

技术要求
1. 未注倒角C2。
2. 未注退刀槽2×2。

8-5 对照下面说明,将零件图中标注错误的表面粗糙度代号圈出来,并将正确的标注在图样上。

(1) 底面表面粗糙度为 $Ra12.5$ μm;
(2) $\phi39$ 孔圆柱内表面粗糙度为 $Ra1.6$ μm;
(3) $\phi82$ 孔圆柱内表面粗糙度为 $Ra3.2$ μm;
(4) $\phi39$ 孔所在凸台顶面表面粗糙度为 $Ra12.5$ μm;
(5) $\phi82$ 孔左、右端面表面粗糙度为 $Ra6.3$ μm;
(6) 以上表面粗糙度要求皆为去除材料获得;
(7) 其余表面为毛面,不去除材料。

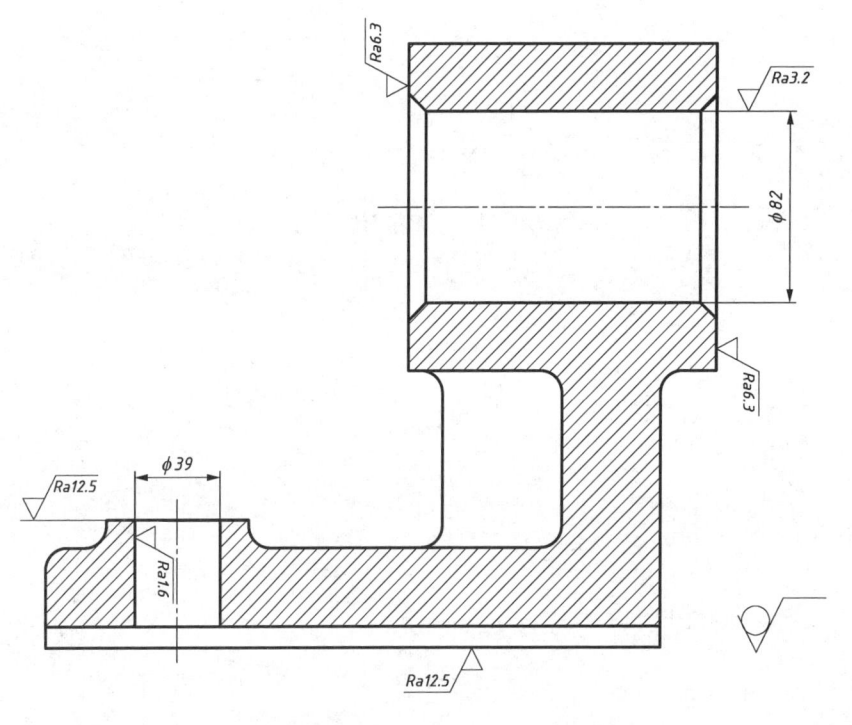

8-6 读轴零件图,并填空回答问题。

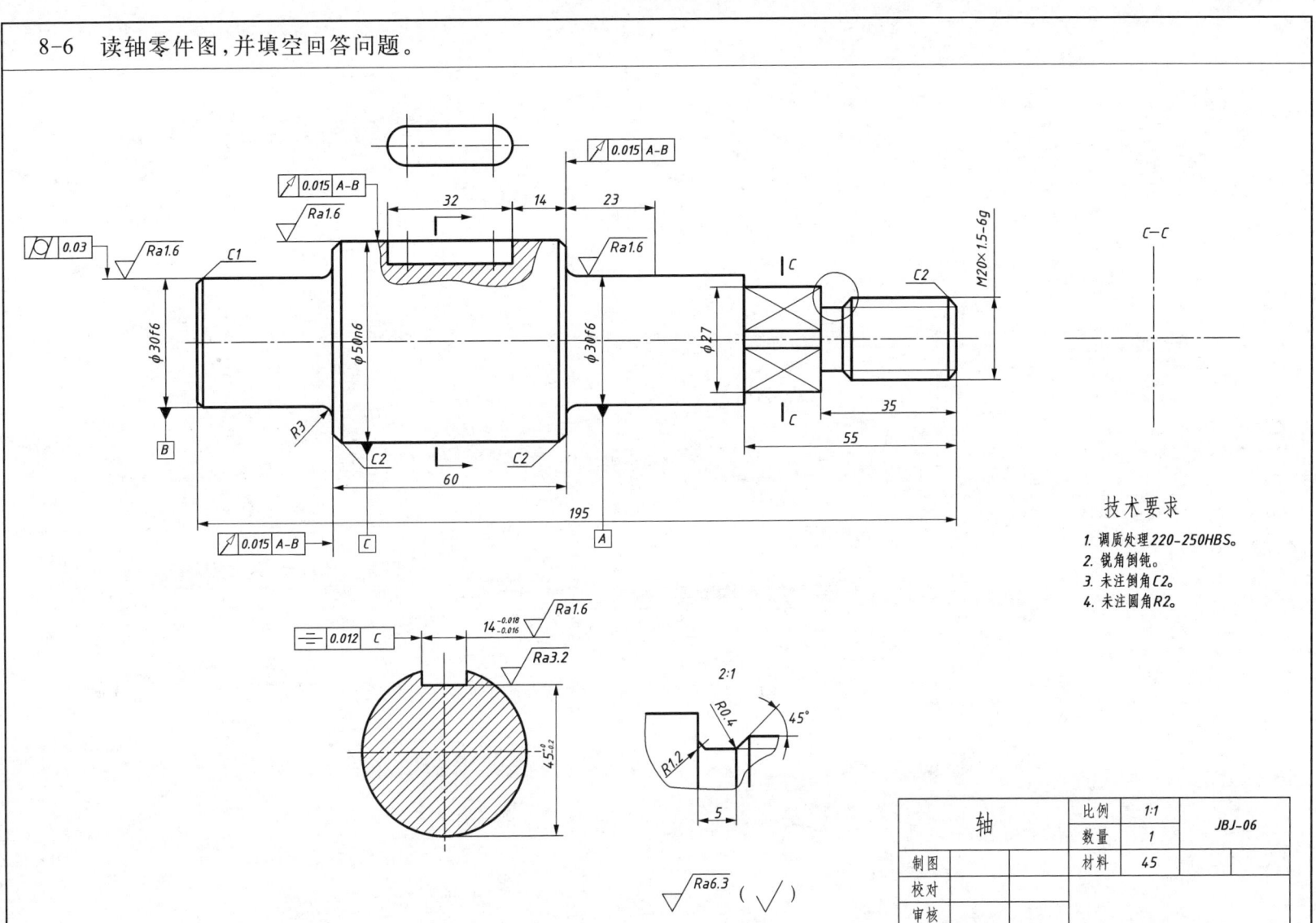

(1) 该轴的材料代号是_____。
(2) 补画 C—C 图,该零件采用了_____种表达方法,分别是_____视图、_____视图和_____图。
(3) 主视图采用的表达方法是_____。
(4) 轴键槽的长度为_____,键槽宽为_____,键槽深为_____,键槽的定位尺寸是_____。
(5) 轴段右边退刀槽槽宽_____。
(6) 主视图上的尺寸 195、32、14、23、ϕ30f6 属于哪类尺寸? 总体尺寸_____;定位尺寸_____;定形尺寸_____。
(7) ϕ30f6 表面粗糙度 Ra 值为_____μm,其基本偏差代号为_____,公差等级为_____,上极限尺寸为_____,下极限尺寸为_____,其表面几何公差要求的项目是_____,公差值为_____。
(8) 找出零件的径向和轴向的主要尺寸基准,用带箭头的指引线在图上注明。

8-7 读轴承盖零件图,并填空回答问题。

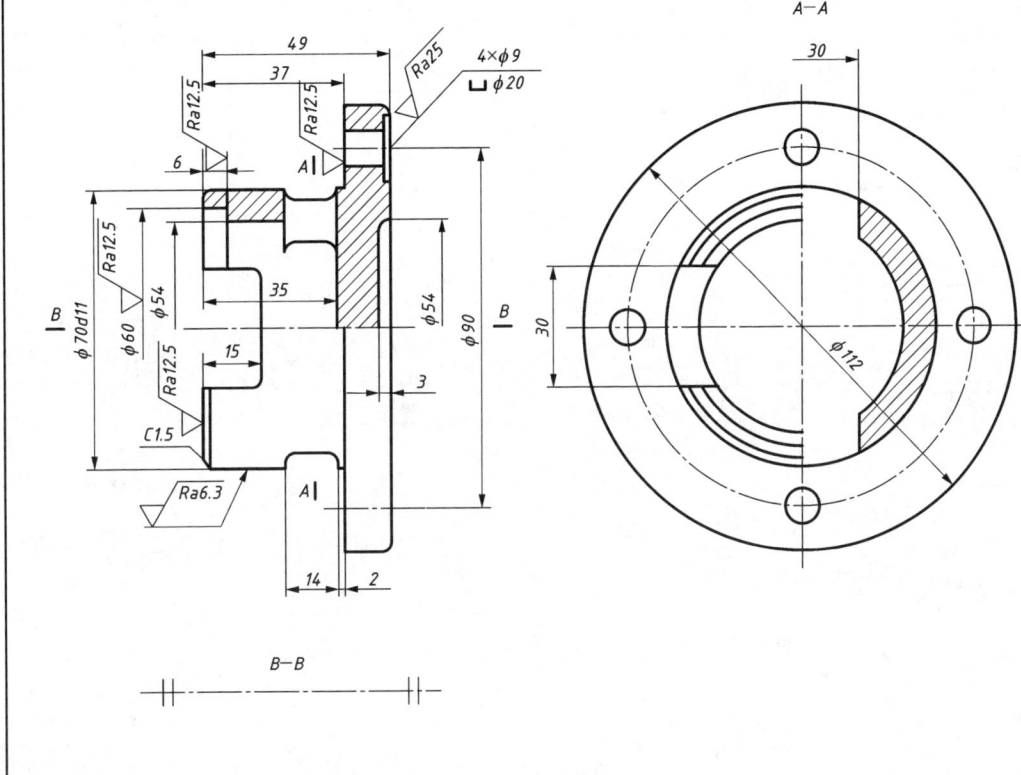

技术要求
1. 未注圆角为R3。
2. 铸件不得有气孔、裂纹等缺陷。

(1) 轴承盖的主视图采用了_____的表达方法。
(2) 长度尺寸(轴向尺寸)的主要基准是零件的_____端面；径向尺寸的基准是零件的_____。
(3) φ70d11写成有上下偏差数值的注法为_____。
(4) 表面结构 √Ra6.3 的表面形状是_____,它由_____的加工方法获得。
(5) 说明 4×φ9 ⌴φ20 的含义:_____。
(6) 在指定位置画出B-B剖视图(采用对称画法,只画出下半部分)。

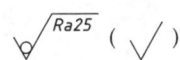

轴承盖	比例	1:1	图号	
	数量	1	材料	TH200
制图			(校名)	
审核				

班级　　　姓名　　　学号

8-8 读座体零件图,并填空回答问题。

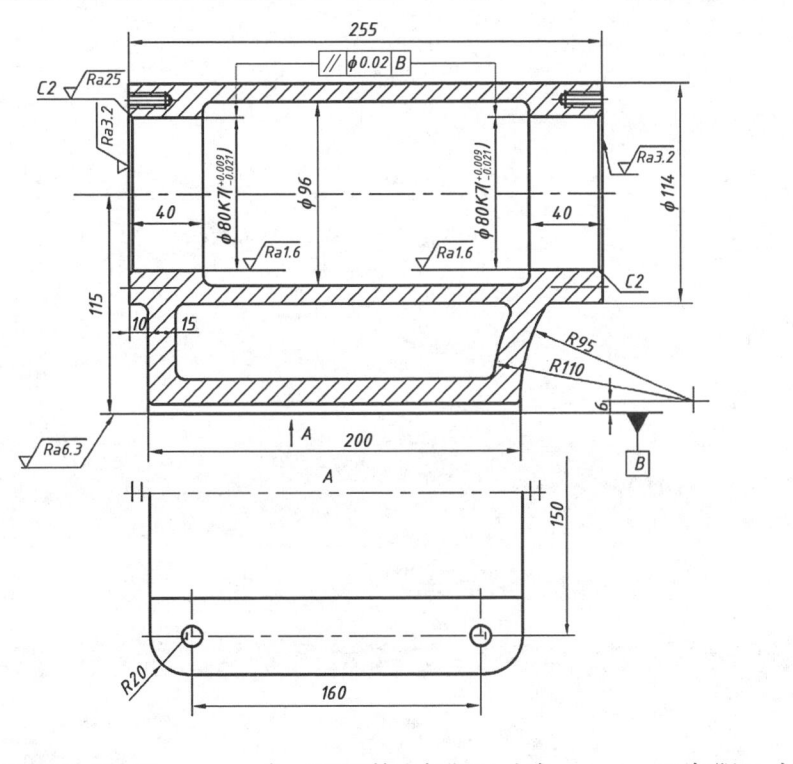
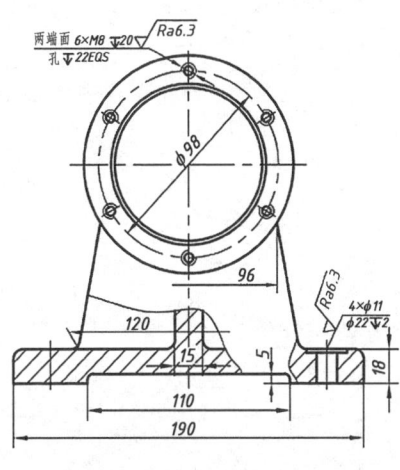

技术要求
1. 未注倒角C1, 未注铸造圆角R3～R5。
2. 铸造毛坯不允许有砂眼、裂纹等缺陷。

(1) 图中标有尺寸公差要求的有_____个,$\phi 80K7$的上极限尺寸为_____,下极限尺寸为_____,尺寸公差为_____。

(2) $\dfrac{6\times M8 \downarrow 20}{孔 \downarrow 22EQS}$ 的含义是_____。

(3) 对于零件的加工表面,其最光滑表面的表面粗糙度Ra值为_____,最粗糙表面的Ra值为_____。

(4) 在图中用引线指出长、宽、高三个方向的主要尺寸基准。

(5) 图中内螺纹M8的定位尺寸为_____;$4\times\phi 11$的定位尺寸为_____。

(6) 座体的总长度为_____,总宽度为_____,总高度为_____。

座体	比例	1:2	材料	HT200
	数量	1	图号	
制图				
审核				

8-9 读拨叉零件图,并回答问题。

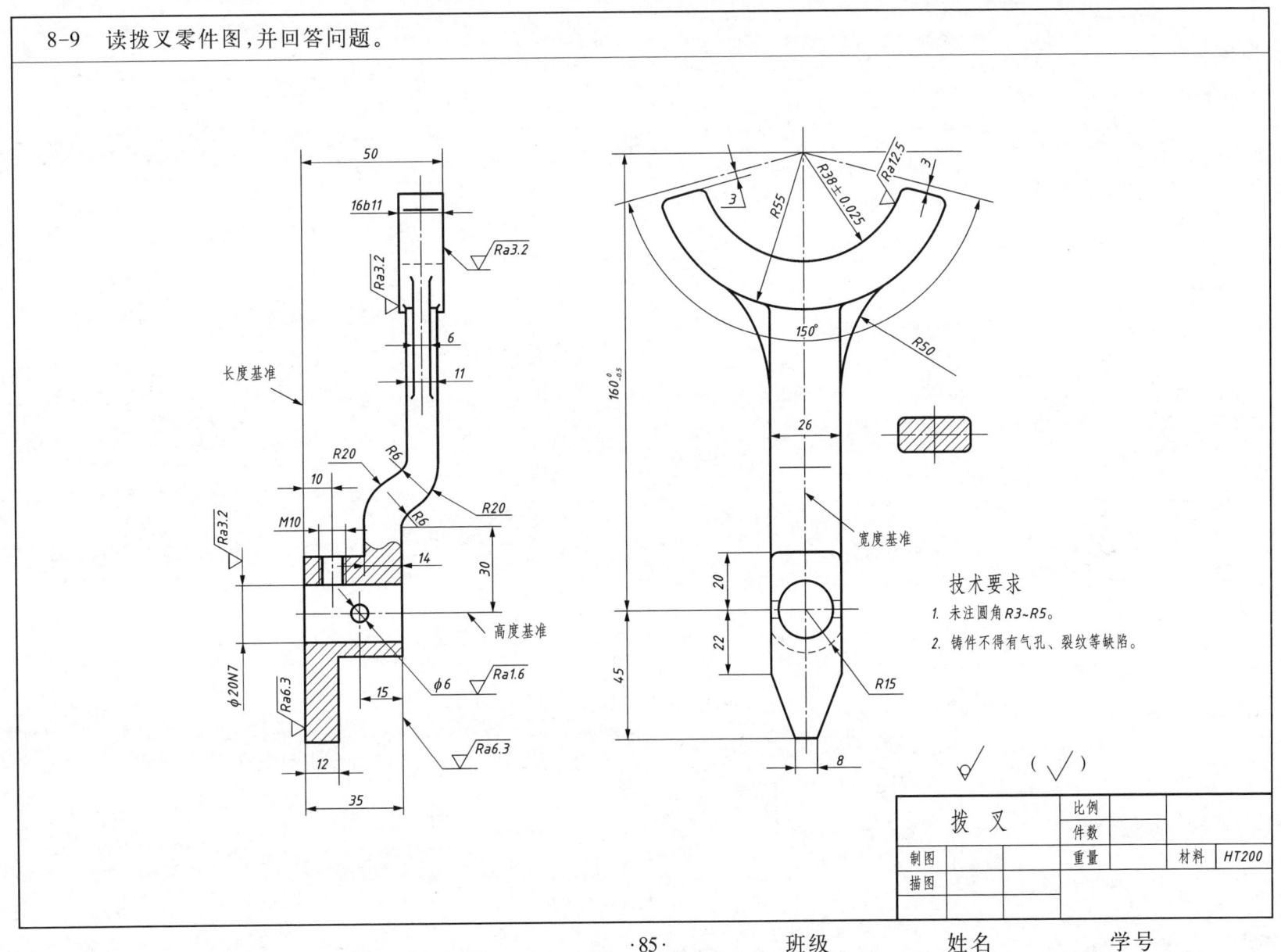

(1) 该零件属于＿＿＿＿＿类零件,其材料是＿＿＿＿＿。

(2) 零件用了＿＿＿＿＿个视图表达,其中主视图的剖切方法是＿＿＿＿＿。

(3) 零件图中长度方向尺寸基准为＿＿＿＿＿。

(4) 零件图中宽度方向尺寸基准为＿＿＿＿＿。

(5) 零件图中高度方向尺寸基准为＿＿＿＿＿。

(6) 主视图中,尺寸 16b11 中 11 表示＿＿＿＿＿,上极限尺寸是＿＿＿＿＿,下极限尺寸是＿＿＿＿＿,公差是＿＿＿＿＿。

(7) 主视图中,尺寸 ϕ20N7 中 20 表示＿＿＿＿＿,N 是＿＿＿＿＿,7＿＿＿＿＿是公差是＿＿＿＿＿。

(8) 在所有切削加工表面中,最光滑和最粗糙的表面结构代号是＿＿＿＿＿和＿＿＿＿＿。

(9) 零件中有哪些工艺性结构? 如＿＿＿＿＿,＿＿＿＿＿。

8-10 按下面所列条件,根据轴测图绘制零件图,要求表达简洁完整、视图布局匀称、图面整洁、注写规范。

(1) 采用 A3 图幅横放,比例 1∶1。
(2) 零件名称:座体;材料:HT150;未注倒角 C1.5;未注圆角 R2~R3。
(3) 注写符号 ∇ 的表面粗糙度为 Ra6.3 μm,其余未注表面粗糙度为 ∇。
(4) ϕ26H7 孔轴线对 A 面和 ϕ30H7 孔轴线的平行度公差为 0.03,ϕ23F8 孔轴线对 A 面的垂直度公差为 ϕ0.03。

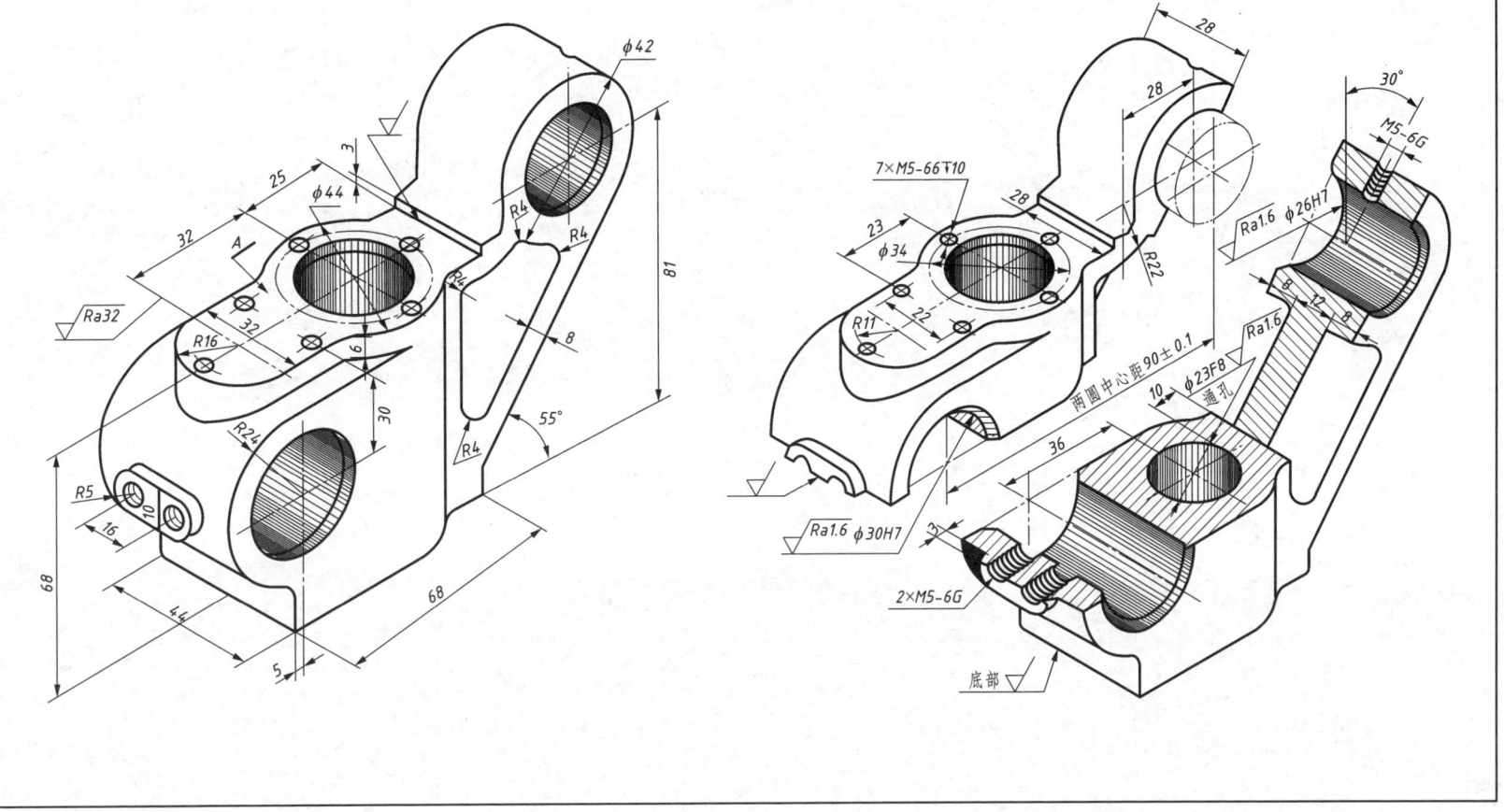

8-11　按下面所列条件,根据轴测图绘制零件图,要求表达简洁完整、视图布局匀称、图面整洁、注写规范。

(1) 采用 A4 图幅横放,比例 1:1。

(2) 零件名称:轴;材料:45;未注倒角 C1.5;未注圆角 R2~R3。

(3) 注写符号 ∇ 的表面粗糙度为 Ra6.3 μm,其余未注表面粗糙度为 Ra25 μm。

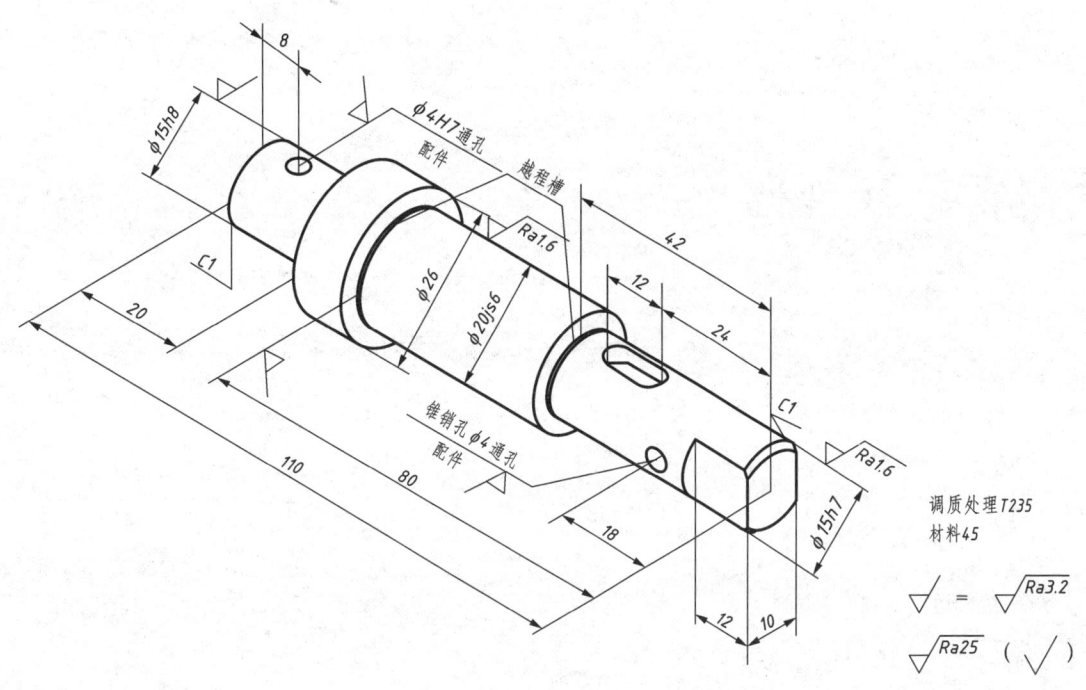

第9章 装配图

9-1 读换向阀装配图，并拆画零件图。

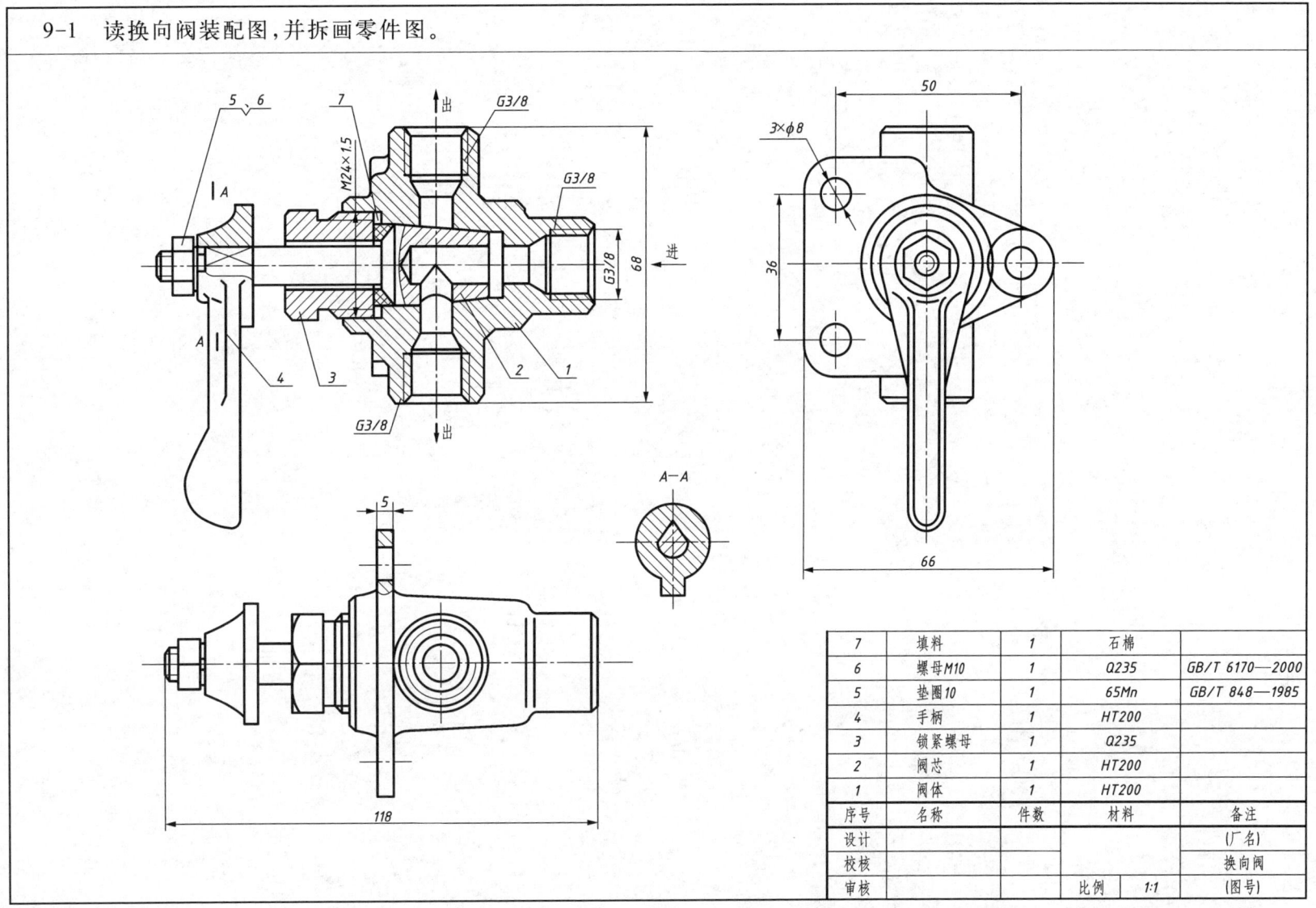

工作原理：

换向阀用于流体管路中控制流体的输出方向。在图示情况下，流体从右边进入，从下出口流出。当转动手柄4，使阀芯2旋转180°，下出口不通，流体从上出口流出。根据手柄转动角度大小，还可调节出口处的流量。

回答下列问题：

(1) 本装配图共用_____个图形表达，A—A断面表示_____和_____之间的装配关系。

(2) 换向阀由_____种零件组成，其中标准件有_____种。

(3) 换向阀的规格尺寸为_____，图中标记G3/8的含义是：G是代号，它表示_____螺纹，3/8是_____代号。

(4) $3 \times \phi 8$ 孔的作用是_____，其定位尺寸称为_____尺寸。

(5) 锁紧螺母的作用是_____。

(6) 拆画件2阀芯，并标注尺寸（从装配图中量取，取整数）。

9-2 读钻模装配图,并拆画零件图。

9	六角螺母	1	35	GB/T 6170—2000
8	销A5×26	1	35	GB/T 119.1—2000
7	衬套	1	45	
6	特制螺母	1	35	
5	开口垫圈	1	40	
4	轴	1	40	
3	钻套	1	T8	
2	钻模板	1	40	
1	底座	1	HT200	
序号	名称	数量	材料	备注
钻 模		比例	共 张	(图号)
		质量	第 张	

工作原理：

钻模是用于加工工件的夹具。把工件放在底座1上，装上钻模板2，钻模板通过圆柱销8定位后，再放置开口垫圈5，并用特制螺母6压紧。钻头通过钻套3的内孔，准确地在工件上钻孔。

回答下列问题：

(1) 在主、左视图中有用双点画线画的图形，这属于_____画法，画的是_____。

(2) 图中①所指的是_____的投影，其作用是_____。

(3) 工件上共钻_____个孔，孔的直径是_____。

(4) 件3与件7的作用是_____。

(5) 图中φ86、73分别是_____尺寸。

(6) 件4与件7属于_____配合。

(7) 在右方空白处画出2号件的俯视图(尺寸从装配图中量取)。

(8) 5号件的正确视图的代号(见右图)是_____。

(9) 要取下被加工工件，请按拆卸的顺序依次写出零件序号：_____。

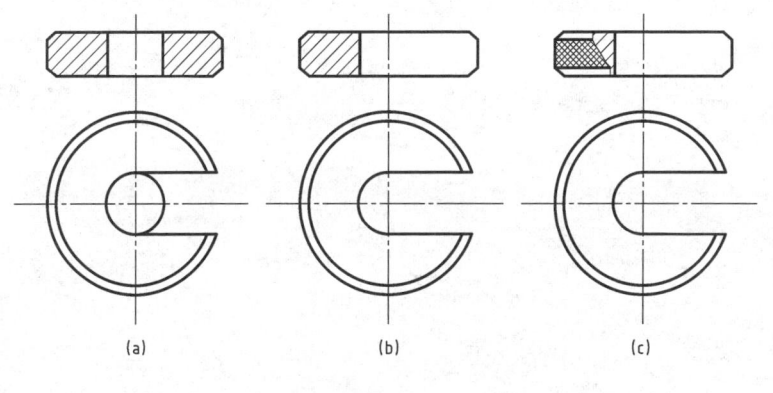

(a)　　(b)　　(c)

9-3 读托辊装配图,并回答问题。

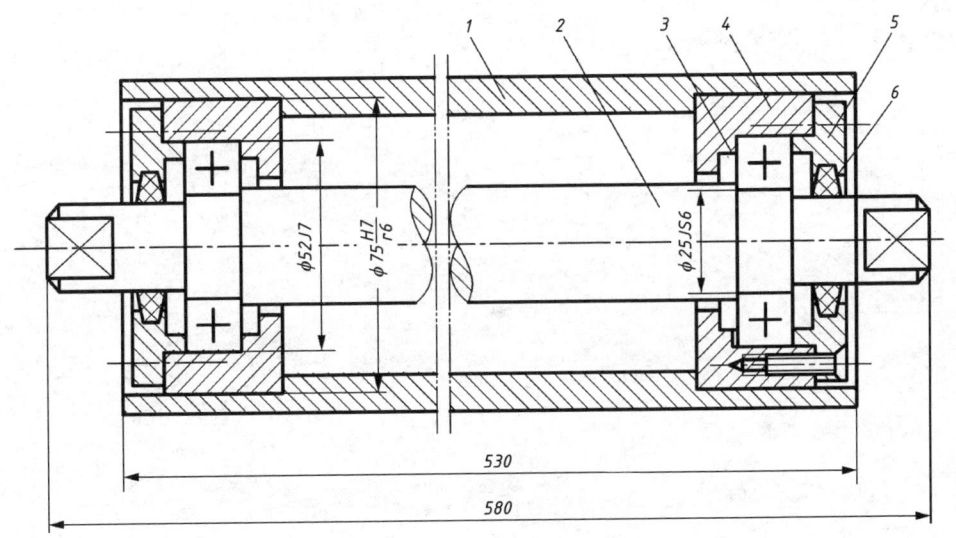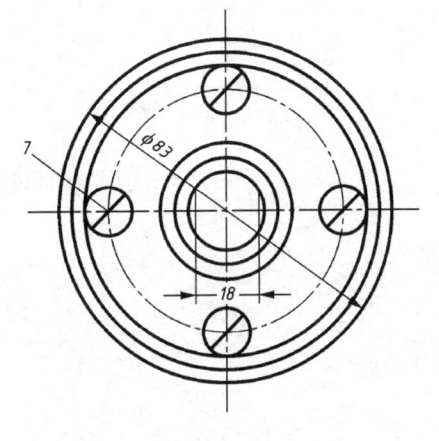

技术要求
1. 装配后滚筒要转动灵活。
2. 滚筒轴向移动量不大于1mm。
3. 盖与套之间空隙内装满润滑脂。

7	沉头螺钉	8		GB/T68
6	油封	2	毛毡	TG-05
5	压盖	2	HT150	TG-04
4	轴承套	2	Q235	TG-03
3	滚动轴承	2	6205	GB/T276
2	轴	1	45	TG-02
1	滚筒	1	无缝钢管	TG-01
序号	名称	数量	材料	备注

托 辊	比例 1:1	重量	共 张 第 张	(图号)
制图	(日期)	(校名)		
校核	(日期)			

回答下列问题：

(1) 托辊装配图用_____个基本视图表达，主视图是_____剖视图，右边的是_____图；

(2) 零件2中间部分的形状是_____体；

(3) 两端画有相交细实线处是_____面；

(4) 主视图中的轴承采用_____画法，螺钉采用_____画法，中断处画的是_____线；

(5) 尺寸580属于_____尺寸，$\phi75H7/r6$属于_____尺寸；

(6) 代号为TG-01的零件名称为_____，数量为_____，其基本外形为_____体；

(7) 托辊装配好后，要求滚筒转动灵活，滚筒轴向移动量不大于_____mm，盖与套之间的空隙内装满_____；

(8) 所装滚动轴承的内孔直径为_____mm，外圆直径为_____mm；

(9) 在左视图上用指引线标出零件1、2、4、5。

9-4 由零件图画装配图——旋塞（在A4图纸上用1：1绘制旋塞装配图）。

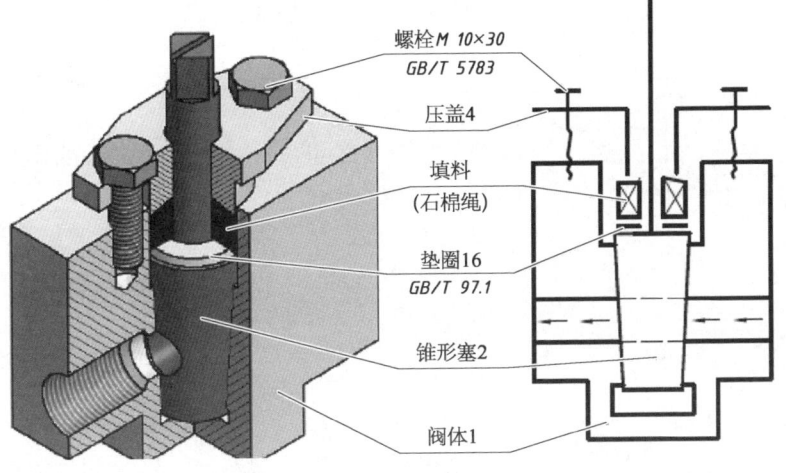

作业要求：
参考旋塞的立体图和装配示意图，看懂给出的零件图，画出旋塞的装配图。

旋塞立体图和说明：
左图是旋塞的立体图，它以螺纹连接于管道上，作为开关设备，其特点是开、关迅速。左图表明开的位置，开的位置在锥形塞顶部开有长槽作为标记。当旋塞旋转90°以后，长槽处于和管道垂直位置，表明已关闭。为了防止泄漏，在锥形塞与阀体间充填填料（石棉绳），并用压盖压紧（填料压盖压入阀体内3～5 mm），压紧后要求达到密封可靠且锥形塞转动灵活。

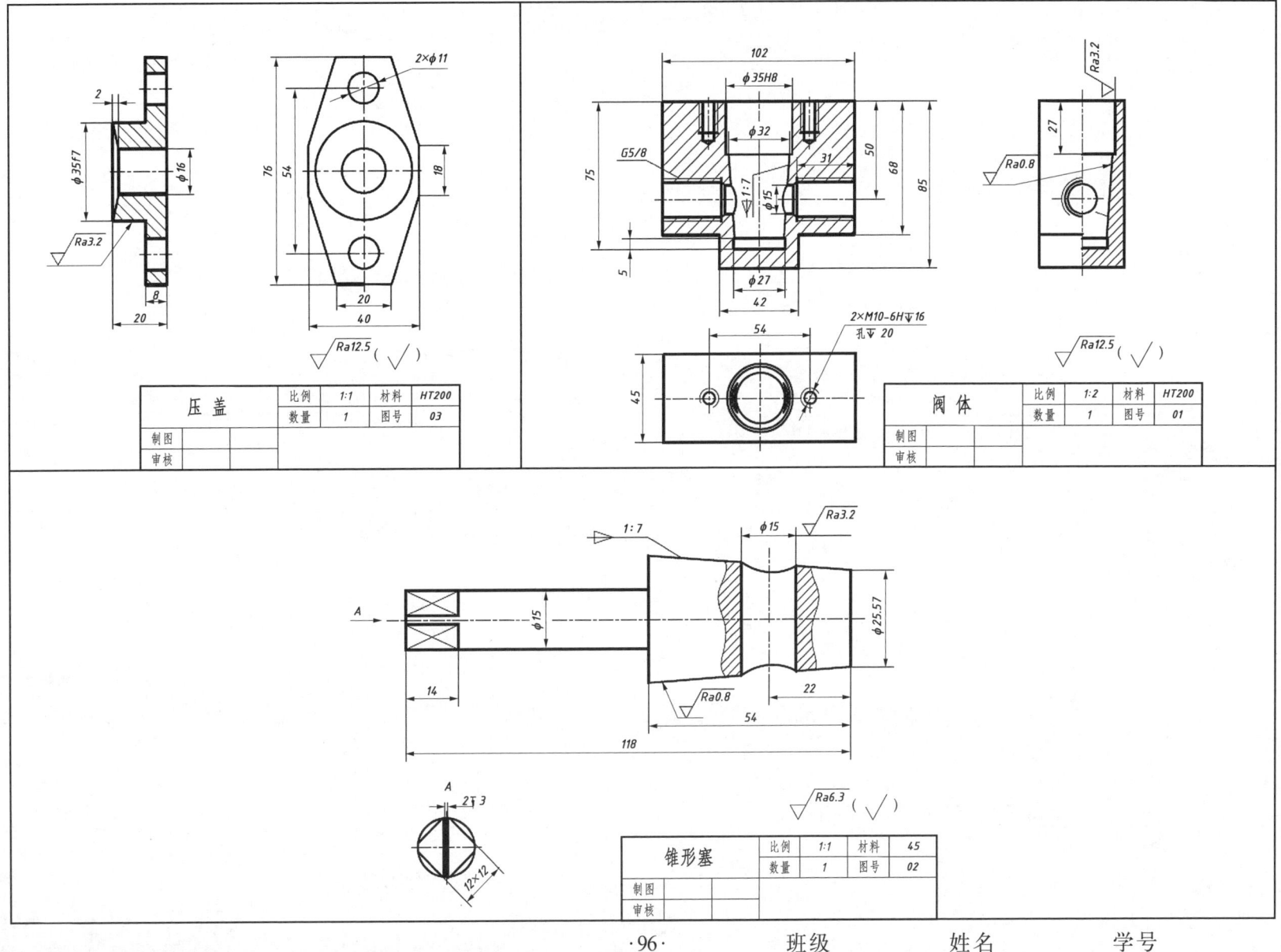

9-5 由零件图画装配图——油缸（一）示意图及轴测装配图。

作业要求：

根据油缸的示意图、轴测装配图、油缸的工作原理及结构说明；以及它的七个零件的零件图，在A2图纸上用1:1，或在A3图纸上用1:1.5画出其装配图。

油缸的工作原理及结构说明：

本图所示油缸为MQ8260型曲轴磨床上控制砂轮架快速进退的油缸，这是一种两端带缓冲装置的单杆活塞缸。

前盖2用六个螺钉M8×30和两个圆锥销A8×50与缸体5连接，后盖7用六个螺钉M8×25与缸体5连接。通过前盖2上的四个螺钉孔（4×ϕ11）和圆锥销孔（ϕ8），将整个缸体固定在磨床的床身上。

当装在缸体5内的活塞6处在最左位置时，压力油从油口a经过孔c、d，由钢球9及弹簧3组成的单向阀，孔e，进入油缸的左腔f，推动活塞6向右移动；活塞右腔g内的油液从油口b排出，这时后盖7中的单向阀关闭。当活塞向右移动接近终点时，右端回油腔g内的油液须经过活塞外圆端部的轴向三角沟槽h中流出，使油液获得节流而起缓冲作用。

若从油口b进压力油时，则活塞获得与上述相反的运动。

画装配图提示：

画装配图时，运动零件活塞总是画在其运动的极限位置，本图应将活塞画在最右位置，即将活塞6的右端面与后盖7的左端面接触。

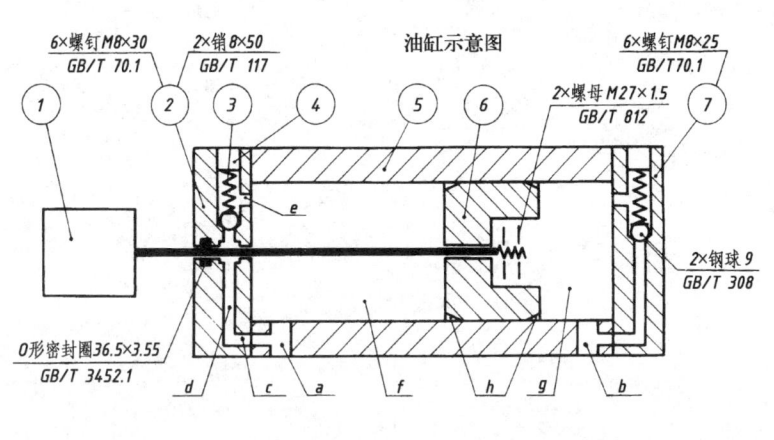

油缸示意图

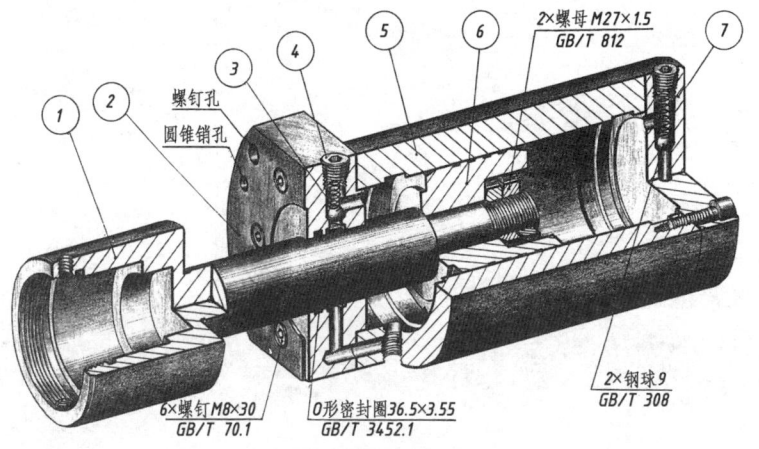

油缸轴测装配图

由零件图画装置图——油缸（二）零件图。

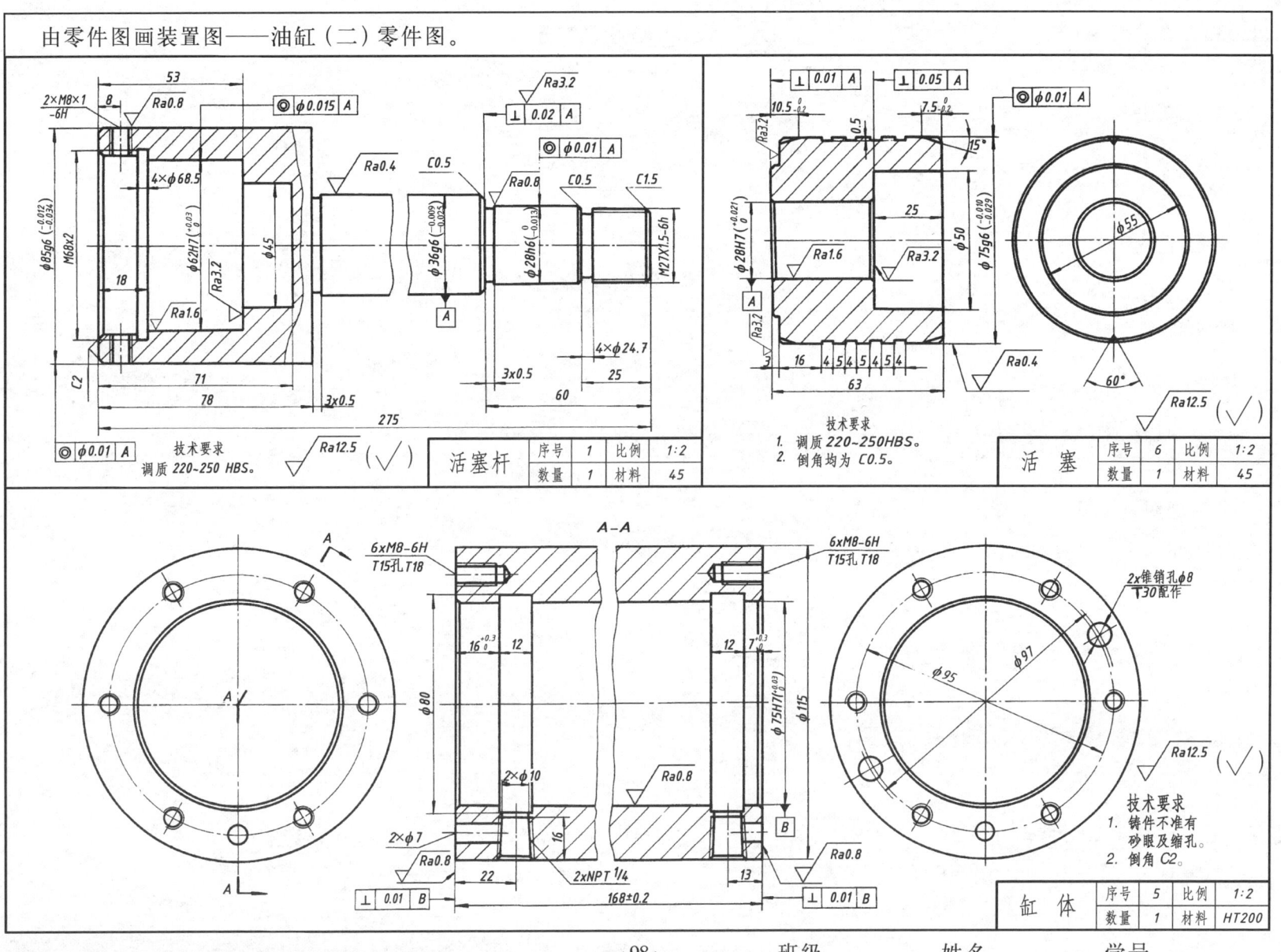

由零件图画装配图——油缸（三）零件图。

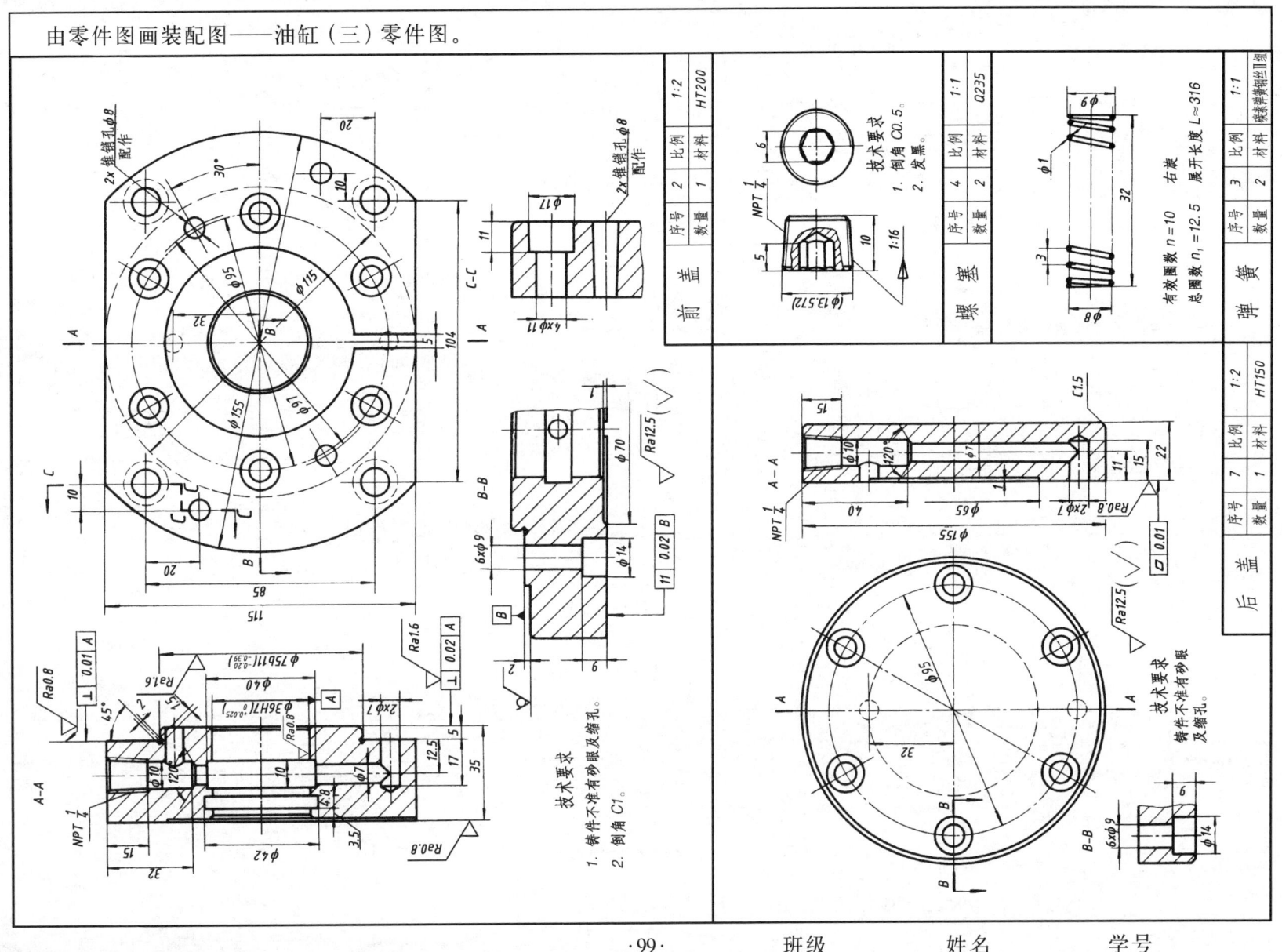

9-6 由零件图画装配图——溢流阀（一）轴测图。

作业要求：

根据溢流阀的工作原理和它的轴测装配图、分离式轴测零件图，以及它的九个零件的零件图，在A3图纸上用1:1，或在A2图纸上用2:1画出其装配图。

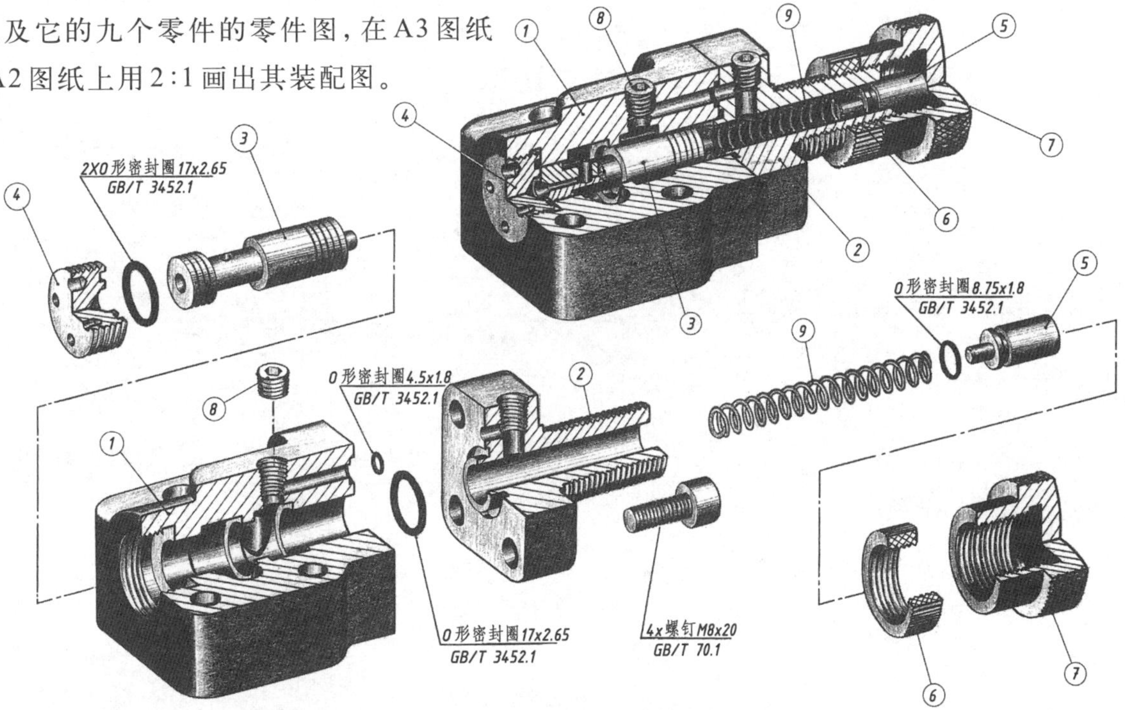

标注：
- 2×O形密封圈17×2.65 GB/T 3452.1
- O形密封圈8.75×1.8 GB/T 3452.1
- O形密封圈4.5×1.8 GB/T 3452.1
- O形密封圈17×2.65 GB/T 3452.1
- 4×螺钉M8×20 GB/T 70.1

工作原理：

溢流阀是装在液压管路上的安全装置，用以保持液压系统中规定压力。在正常情况下，阀芯3处在左端，把进、出油口隔断；当油路油压超过规定的最高压力时，阀芯左端的油使弹簧9压缩，推动阀芯向右移动，于是进出油口连通，油从出油口流出，左端油压就恢复正常。转动调节螺母7，通过调节杆5压缩弹簧9，从而可以改变弹簧9对阀芯3的压力。溢流阀内各处装上的O形密封圈起密封作用，以防止漏油。

由零件图画装配图——溢流阀（二）零件图。

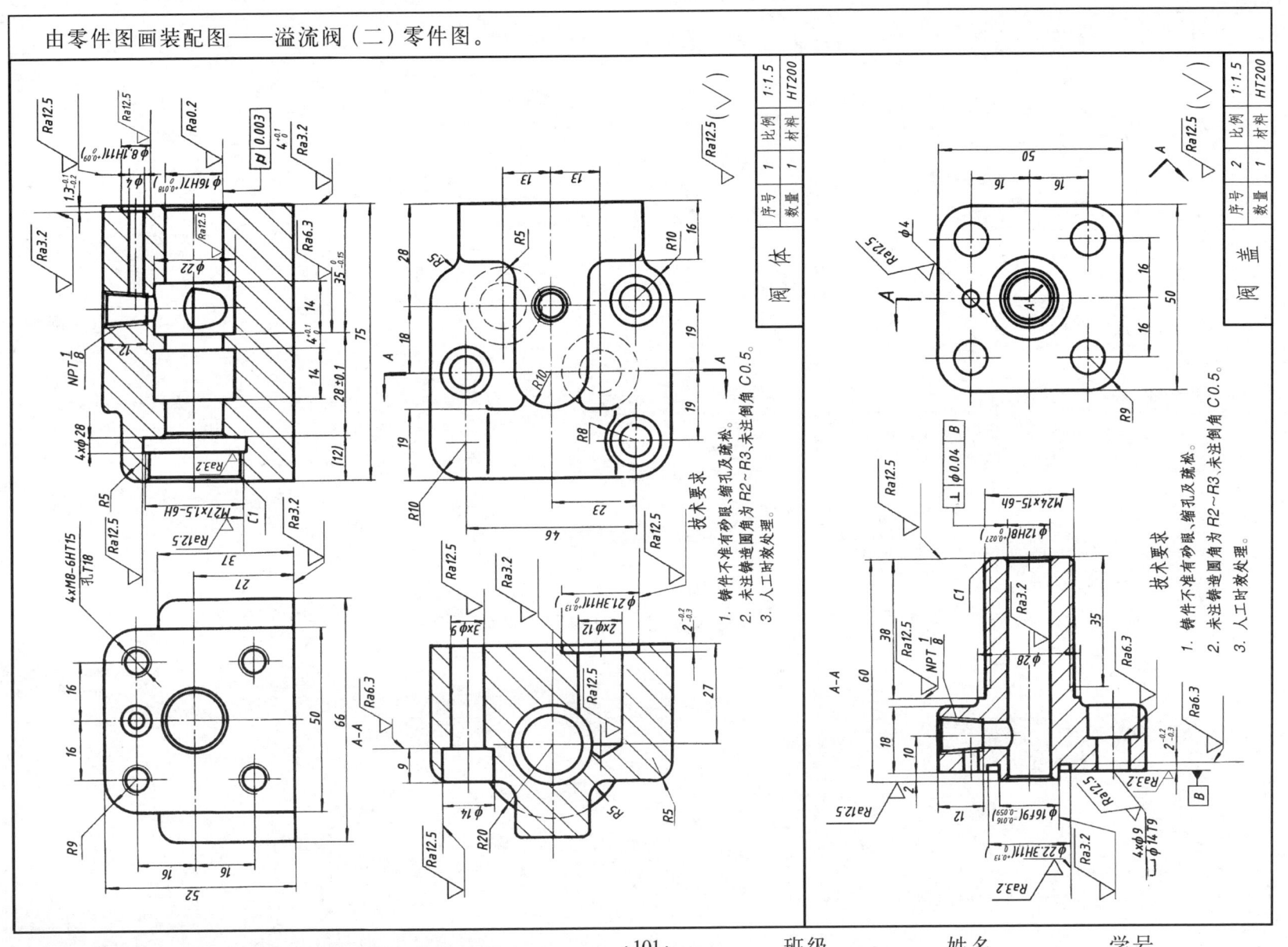

由零件图画装配图——溢流阀（三）零件图

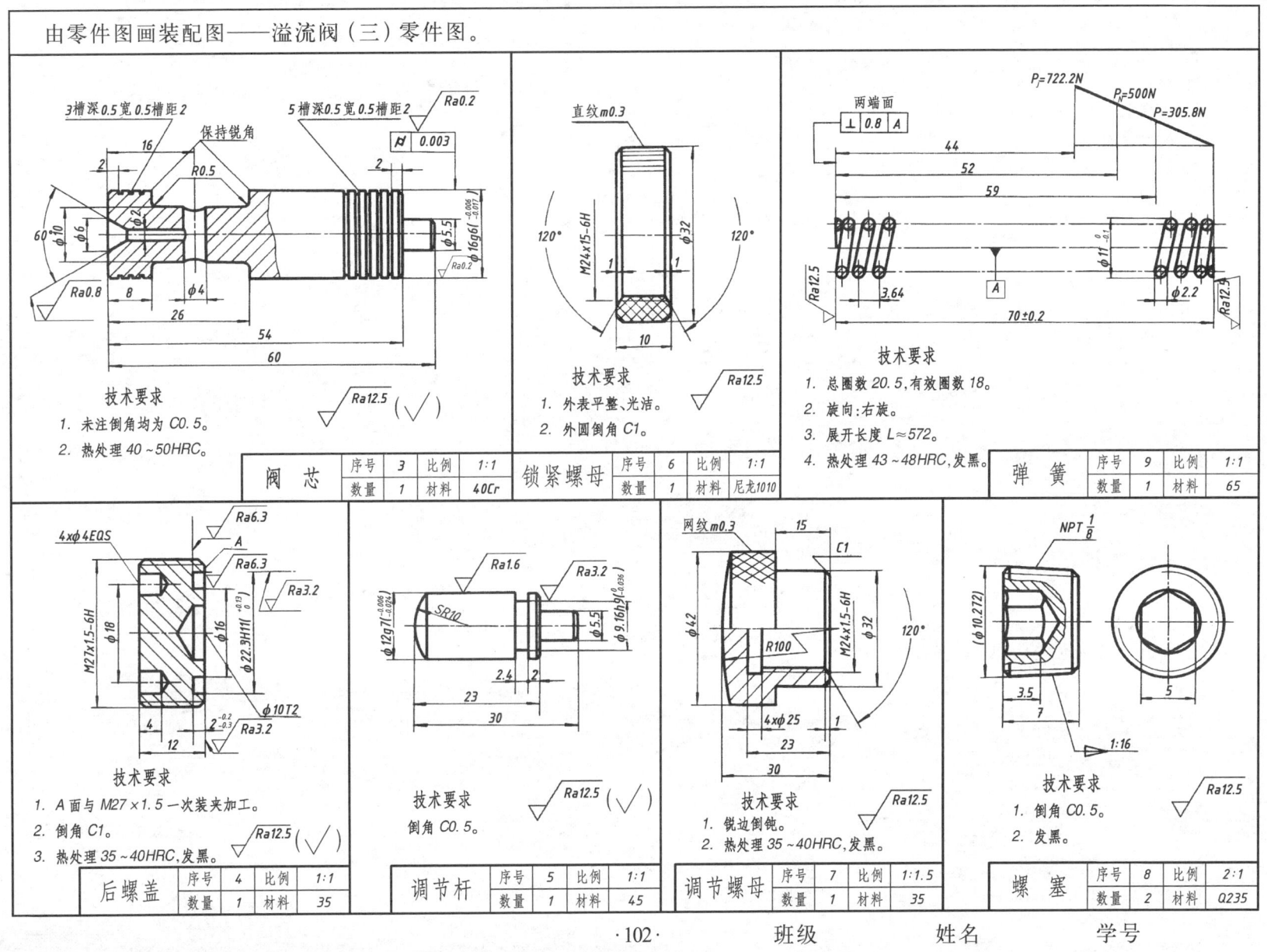

第10章 焊接图

10-1 根据零件图和结构示意图,在A3图纸上,采用适当的表达方法画出焊接图。

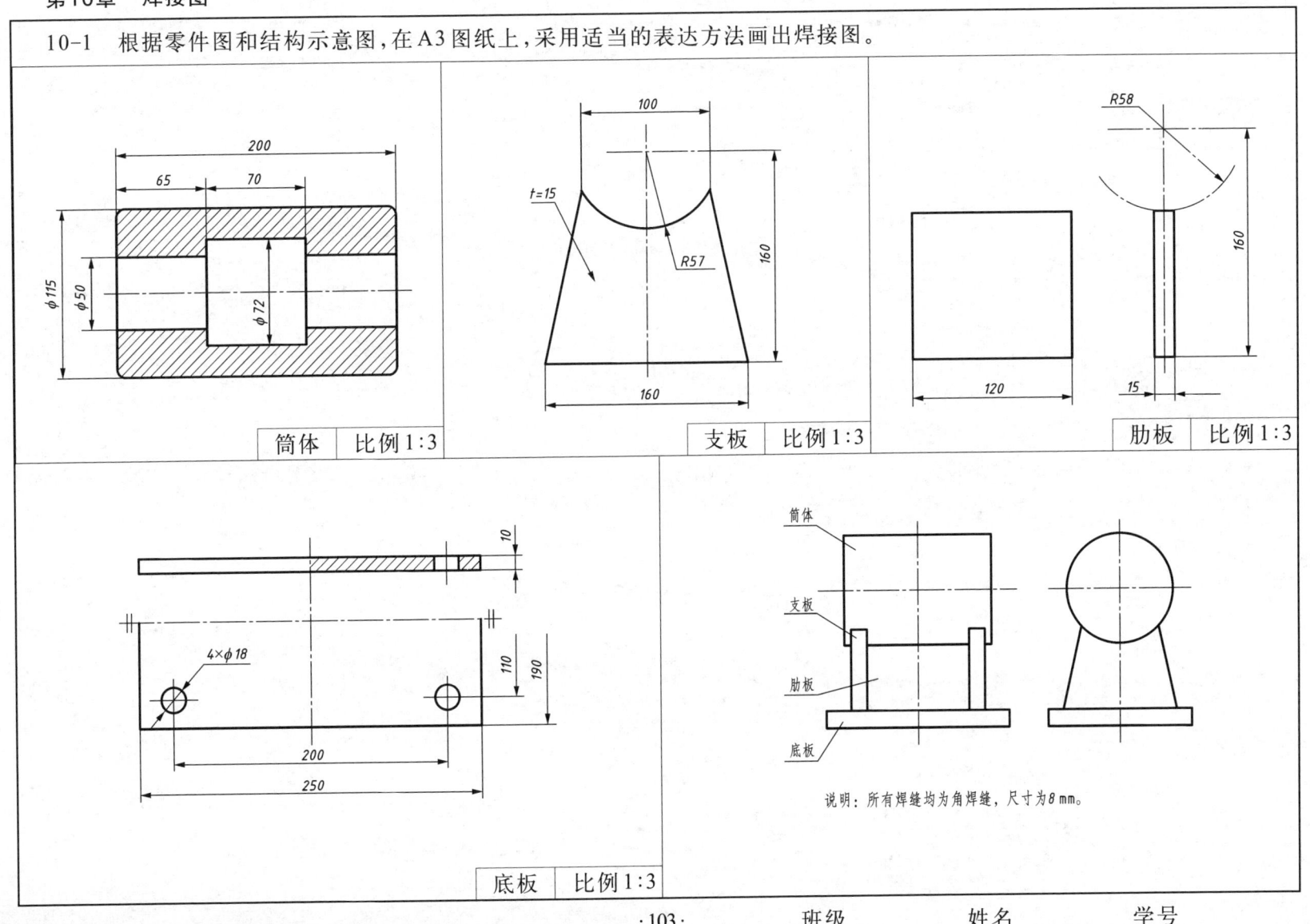

10-2 在支座上标注焊缝符号：底板1与支撑板2之间采用手工电弧焊双面角焊缝，焊角高度 K 为 8 mm，侧板3与支撑板2之间也采用手工电弧焊，四周围都是角焊缝，焊角高度 K 为 6 mm。

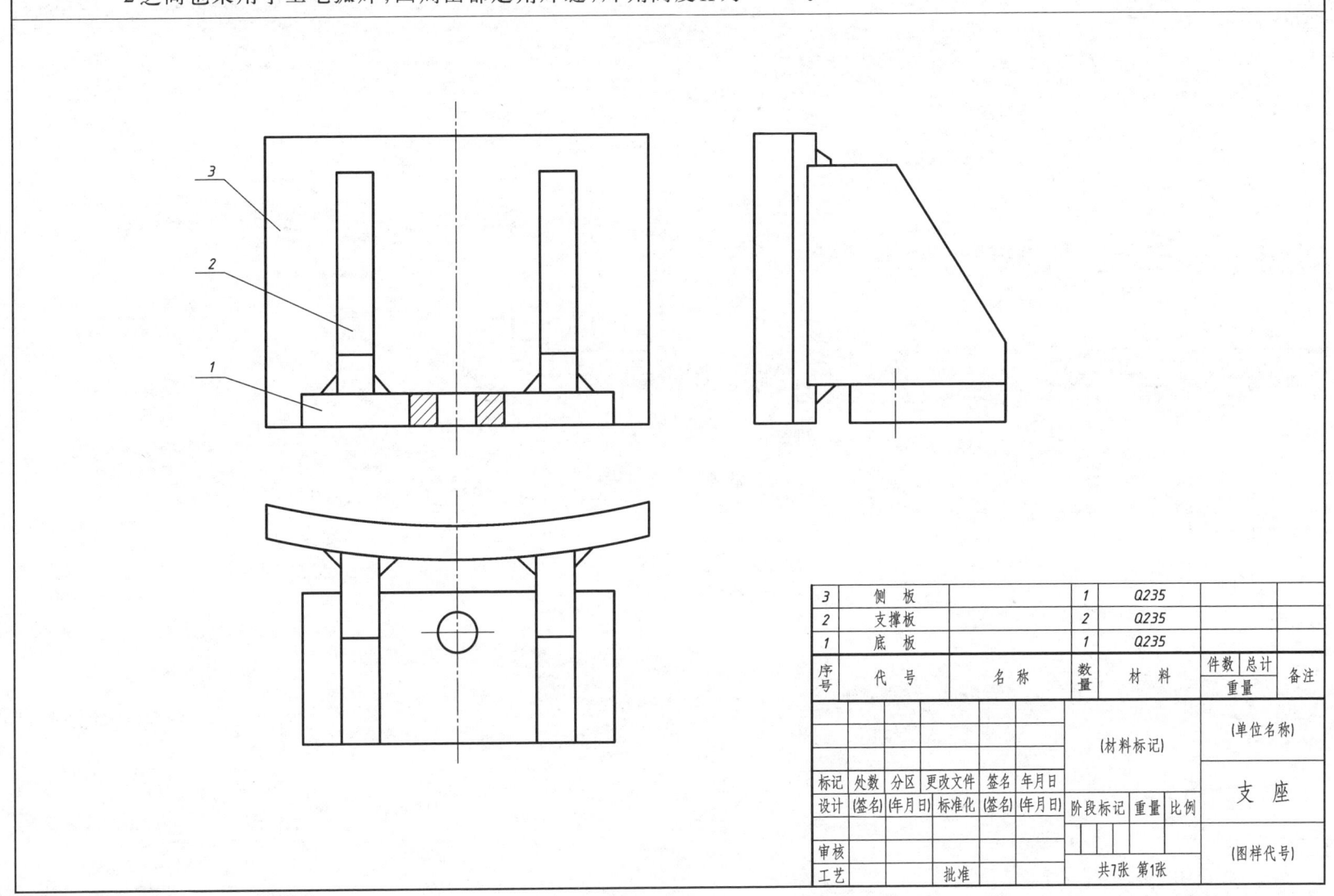

第11章 展开图

11-1 已知棱柱管的投影图,求其展开图。

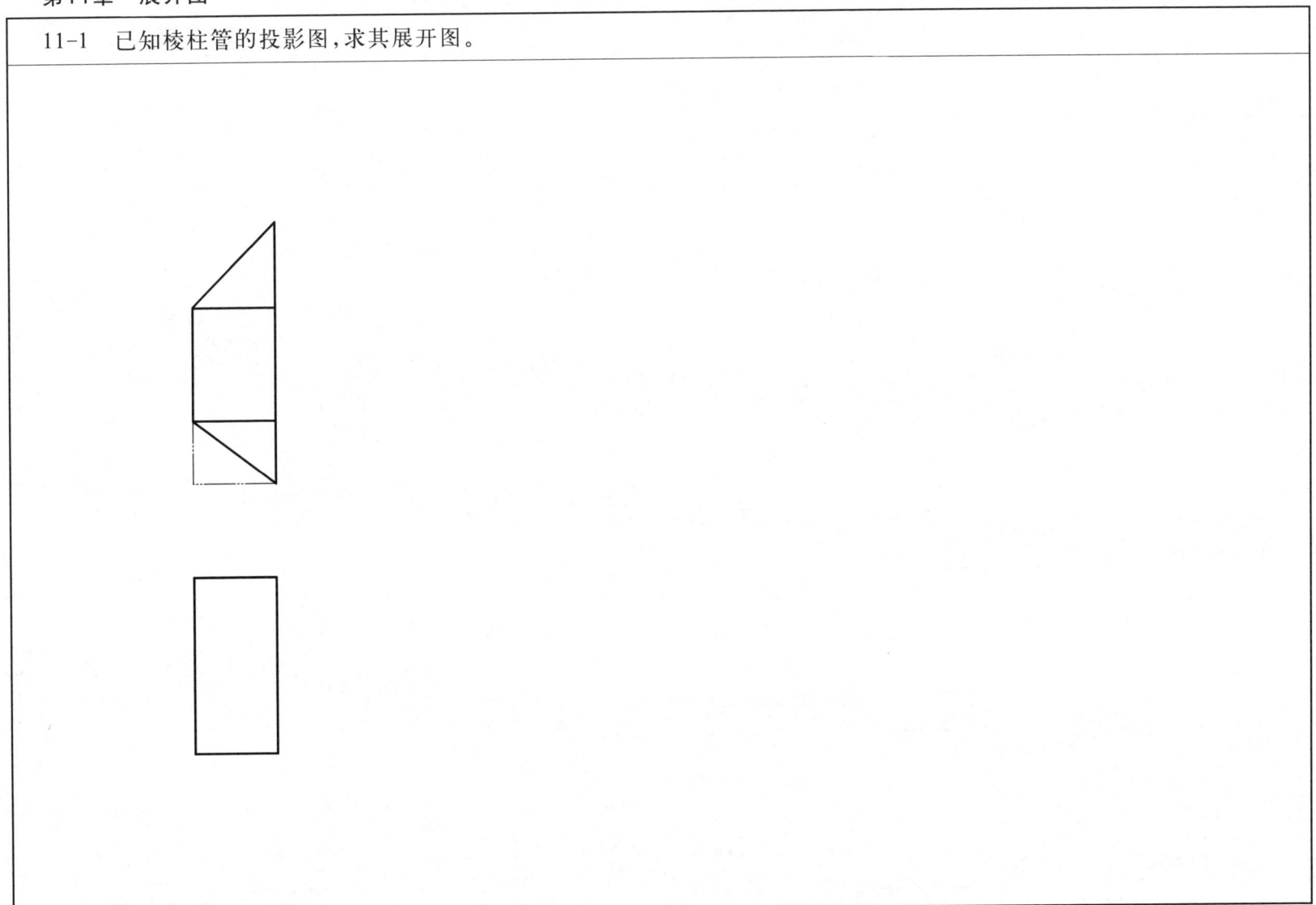

11-2 已知漏斗的投影图,求其展开图。

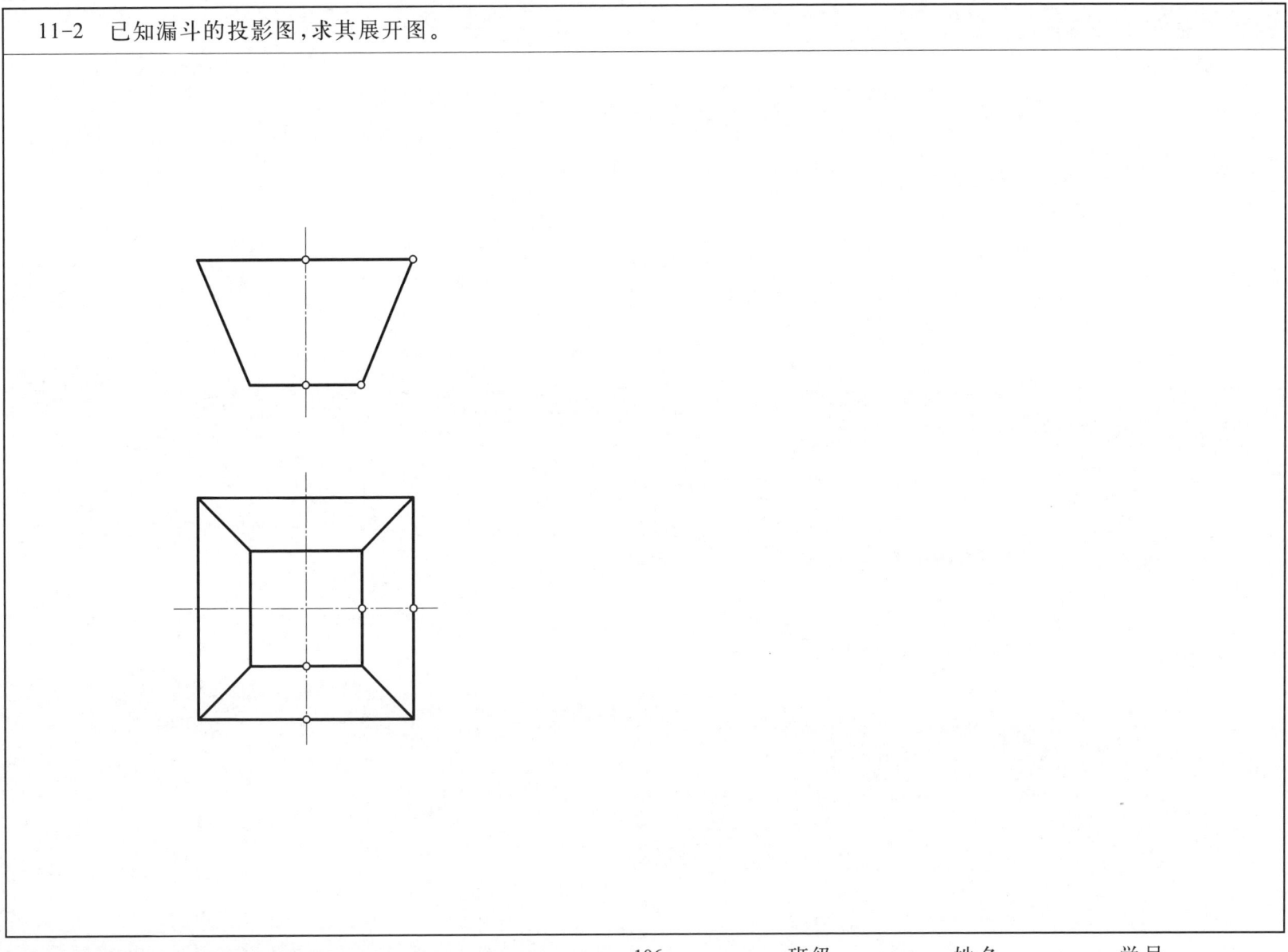

11-3 求五节圆柱弯管中半节的展开图。

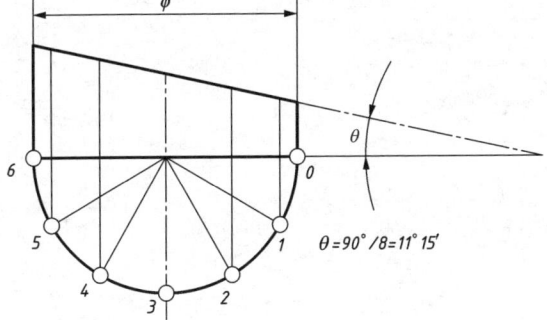

11-4 求截口正圆锥管的展开图。

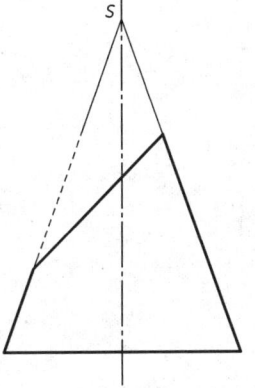

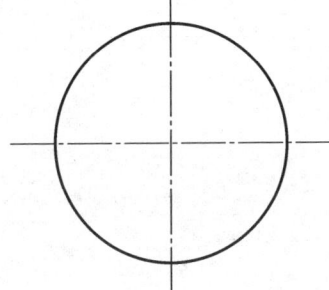

11-5 求方圆过渡管的展开图。

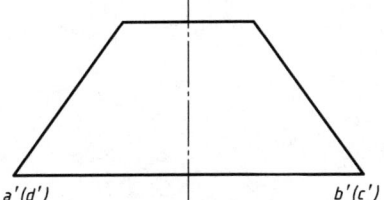

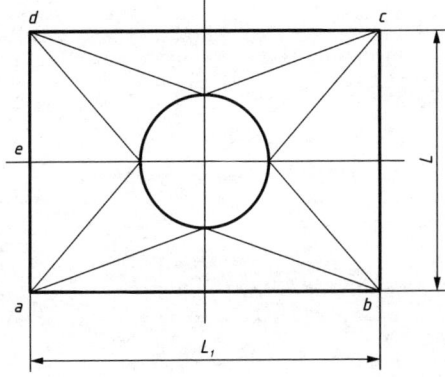

第12章 Solidworks三维建模基础

12-1 草图练习。

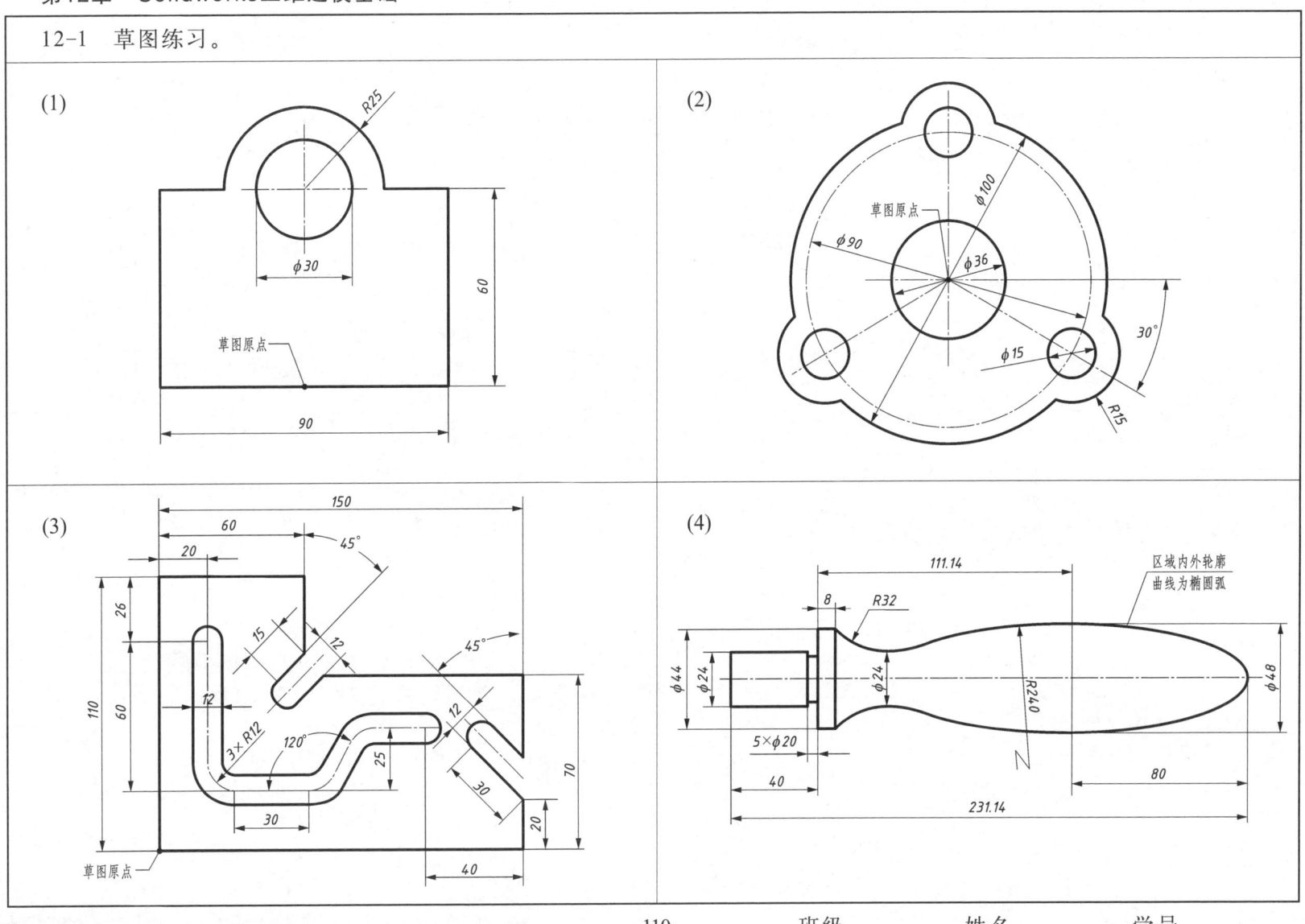

12-2 三维建模练习。

(1)

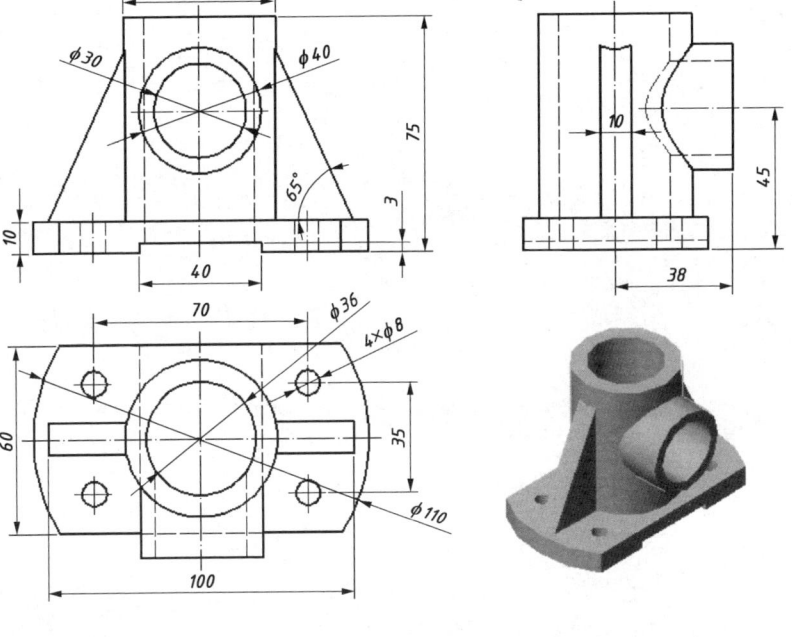

(2)

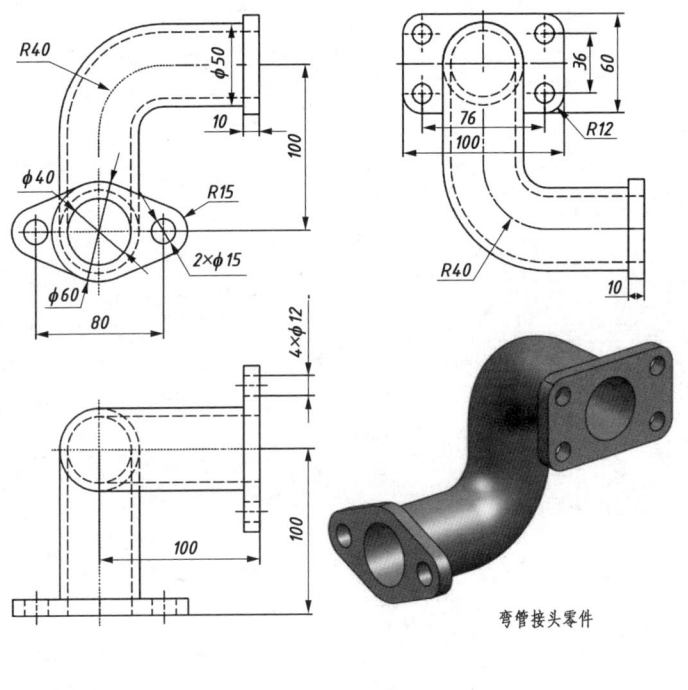

弯管接头零件

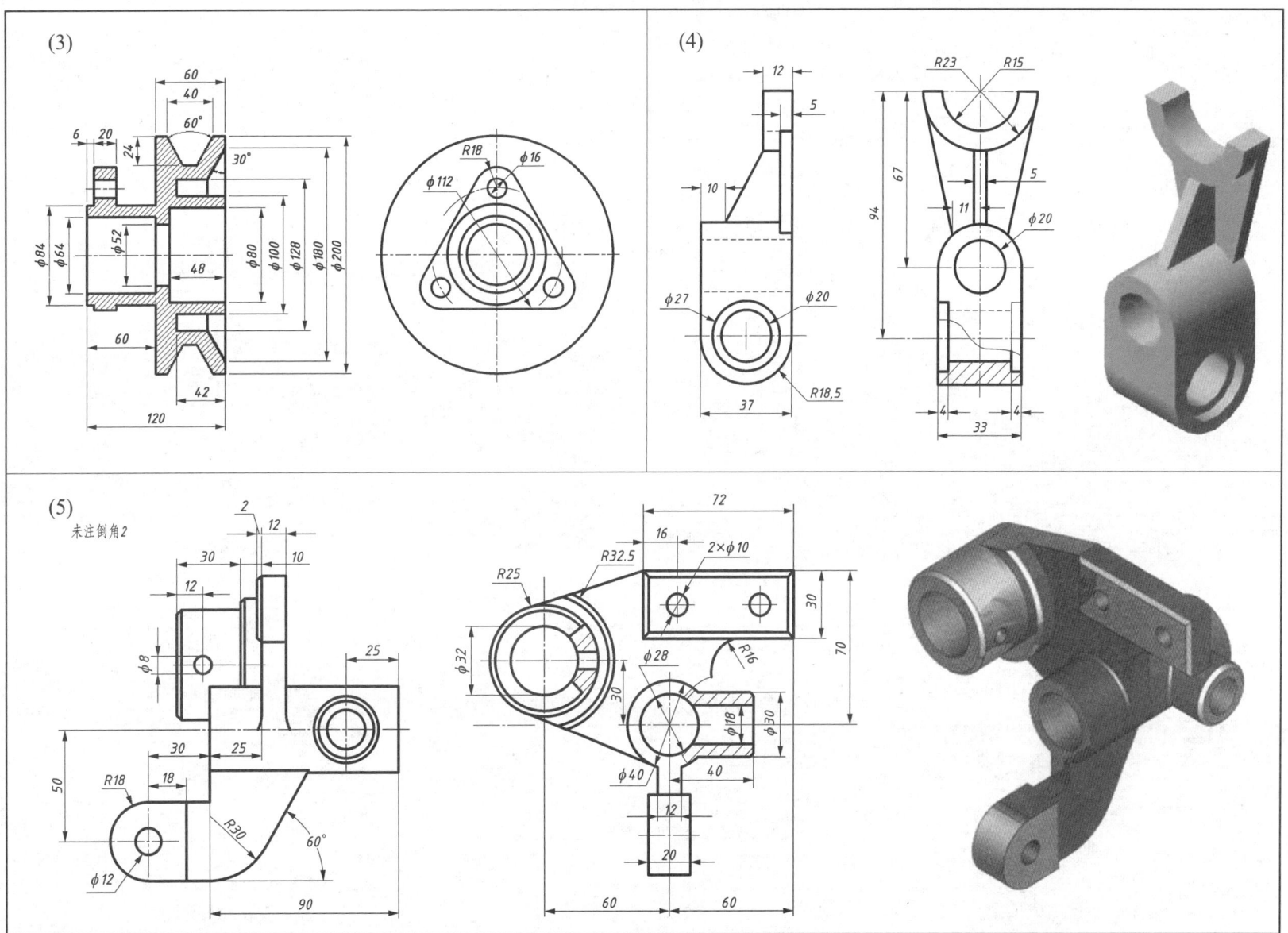

12-3 建模及工程图综合练习。

(1) 按照第9章装配图习题9-4中旋塞各零件图中所注尺寸对零件进行三维建模；将生成的零件实体装配成旋塞装配体，标准件可从设计库中调入；将生成的旋塞装配体生成旋塞二维装配图；将建模的阀体零件实体生成阀体零件图。

(2) 按照第9章装配图习题9-5中油缸各零件图中所注尺寸对零件进行三维建模；将生成的零件实体装配成油缸装配体，标准件可从设计库中调入；将生成的油缸装配体生成油缸二维装配图；将建模的活塞杆零件实体生成活塞杆零件图。

(3) 按照第9章装配图习题9-6中溢流阀各零件图中所注尺寸对零件进行三维建模；将生成的零件实体装配成溢流阀装配体，标准件可从设计库中调入；将生成的溢流阀装配体生成溢流阀二维装配图；将建模的阀体零件实体生成阀体零件图。

参 考 文 献

[1] 李波,李广慧.机械制图习题集[M].上海:上海科学技术出版社,2016.
[2] 李杰,等.机械制图习题集[M].2版.成都:电子科技大学出版社,2020.
[3] 杨裕根,徐祖茂.机械制图习题集[M].北京:北京邮电大学出版社,2011.
[4] 王冰,贾磊,张慧玲.机械制图习题集[M].北京:航空工业出版社,2014.
[5] 谢军,王国顺.现代机械制图习题集[M].北京:机械工业出版社,2016.